AF452405

TRAITÉ

DES ASSOLEMENS,

OU

DE L'ART

D'établir les rotations de récolte,

PAR

CH. PICTET DE GENÈVE.

A GENÈVE,

Chez J. J. PASCHOUD, Libraire.

IX (1801)

TRAITÉ

DES

ASSOLEMENS,

OU

DE L'ART

d'établir les Rotations de Récoltes.

LA SOCIÉTÉ DEMANDE QUELLE EST LA MEILLEURE MANIÈRE D'ALTERNER LES RÉCOLTES, A L'USAGE DU PLUS GRAND NOMBRE DES CULTIVATEURS ; A L'EFFET DE DIMINUER, AUTANT QU'IL EST POSSIBLE, LES JACHÈRES, SUIVANT LA DIFFÉRENTE NATURE DES TERRES.

De toutes les questions que la Société pouvait proposer à la discussion des agronomes, il n'en est aucune peut-être d'une importance plus réelle à l'avancement, à la

A

prospérité de l'art, et dont l'examen doive être d'un intérêt plus grand pour les Cultivateurs véritablement éclairés. Ceux-ci doivent d'autant plus applaudir au choix que la Société a fait de ce sujet, qu'il a été jusqu'ici peu approfondi par les auteurs Français ; et que la bonne théorie des assolemens, considérée dans son ensemble, avec tous les faits qui l'appuient, toutes les applications dont elle est susceptible, n'a jamais été pleinement développée dans aucune langue.

Une réflexion générale suffira à faire sentir combien cette matière mérite, en effet, l'attention du public.

Toutes les améliorations agricoles ont un but déterminé qu'on espère atteindre par de certains travaux, et par des avances d'argent plus ou moins fortes. Celui qui veut augmenter ses troupeaux, défricher des terrains, établir des prairies, faire des défoncemens, des plantations, des desséchemens, des transports de terres, est obligé de consacrer un capital à chacun de ces objets ; et, avant d'entreprendre l'amélioration, il faut qu'il ait calculé qu'elle lui rendra au moins l'intérêt de son argent. Or ce calcul, dont les résultats peuvent être rendus vains par tous les accidens naturels dont les récoltes dépendent, ne saurait être établi avec une parfaite certitude. Le Cultivateur hésite souvent, dans la crainte de hasarder ses fonds : souvent aussi les fonds lui manquent ; et les améliorations sont partielles, faiblement suivies, ou tout-à-fait négligées.

Mais, si un Agriculteur a une connaissance sûre et raisonnée de son art, s'il a bien étudié les ressources de ses terres, les avantages et les inconvéniens de son climat, et les moyens d'écouler ses denrées ; si, dis je, cet Agriculteur établit dans son domaine des assolemens bien réglés, il obtient sans avances et sans risques, une amélioration plus productive et plus réelle qu'aucune de celles qu'il eut pu tenter à grands frais.

Faire donner aux terres, en les conservant dans le meilleur état possible, la rente la plus forte qu'elles puissent produire, voilà le but des bons assolemens. Ce but est manqué, si l'une des deux conditions n'est pas remplie, c'est-à-dire, si la terre, en rendant beaucoup, tend à s'épuiser, à s'infester de mauvaises plantes, ou bien, si en se maintenant nette et en bon état, elle rend annuellement un revenu moindre qu'elle ne rendrait par d'autres procédés, et si cette moins-value n'est pas plus que compensée par l'accroissement de valeur du terrain.

Une terre en bon état est celle qui est pourvue d'une suffisante quantité de sucs nourriciers pour porter de belles récoltes, et qui est en même temps bien purgée de mauvaises plantes et de graines nuisibles. Or, *pour conserver les terres dans le meilleur état possible*, il faut disposer d'une suffisante quantité d'engrais, et donner les cultures nécessaires; car l'engrais est aussi indispensable au recouvrement des sucs, que la culture l'est à l'expulsion des plantes nuisibles.

Plus les bestiaux sont nombreux sur un domaine, plus il s'y fait d'engrais. Plus les attelages sont forts et bien entretenus, et plus aisément les cultures de la terre peuvent être faites en temps convenable et d'une

manière complette. Il faut donc que les assolemens soient combinés pour fournir abondamment la nourriture aux bestiaux du domaine.
Mais comme la fiente des animaux ne suffit
pas pour faire du fumier et qu'il faut encore
des pailles ; comme il faut que les grains
nourrissent les individus occupés de l'agriculture, et payent une grande partie de la
rente annuelle du domaine, il est nécessaire
que, chaque année, une suffisante partie d'un
fonds soit destinée aux grains. Enfin, comme
l'expérience a fait reconnaître que certaines
récoltes sont plus belles après d'autres récoltes
d'un autre genre, sans que la terre paraisse
s'épuiser; et comme il existe, pour la plupart des terrains, la possibilité d'une succession indéfinie d'année en année, de récoltes
toujours belles, si elles sont convenablement variées, si les engrais sont suffisans
et bien appliqués, il faut viser à établir les
assolemens de manière à ce que chaque récolte prépare le succès de la récolte suivante.

Ce n'est pas tout. Le but final des efforts
du cultivateur, c'est le profit. Le plus habile
est celui qui tire de ses terres *la rente la plus*

forte qu'elles puissent produire, pourvu que l'autre condition de les maintenir en bon état, soit aussi remplie. Ce serait donc en vain que les bestiaux seraient nombreux, bien nourris, les terres bien labourées, bien fumées, les récoltes abondantes, si la rente du domaine restait en dessous de ce qu'elle serait dans une autre culture, laquelle cependant n'épuiserait pas le fonds. Il peut y avoir du luxe dans la bonne culture, comme en tout autre chose ; et les circonstances locales peuvent commander la préférence de certaines productions, qui, d'après les principes généraux de l'économie agricole, n'auraient pas été choisies.

On voit donc que la meilleure manière d'alterner les récoltes, est une question compliquée ; et quoiqu'elle soit susceptible d'une solution générale, elle ne saurait être résolue, pour les cas particuliers, sans que l'examen en soit soumis à un grand nombre de considérations accessoires, qui toutes ont leur importance. Pour mettre de l'ordre dans un sujet qui est vaste, je vais diviser mon travail en six parties.

Je traiterai 1°. de la théorie des labours, et de l'usage des jachères.

2°. Du système d'alterner les champs entre les plantes à racines fibreuses et les plantes à racines pivotantes.

3°. De la théorie des assolemens.

4°. Des assolemens des terres légères.

5°. Des assolemens des terres argileuses.

6°. Je présenterai quelques considérations sur les moyens d'introduire en France de bons assolemens.

CHAPITRE Iᵉʳ.

DE LA THÉORIE DES LABOURS ET DE L'USAGE DES JACHÈRES.

LE labourage, ou la division de la terre par la charrue, a plusieurs objets, selon le moment et le genre des labours. Cette opération est destinée à faire périr les mauvaises plantes qui prennent possession du sol, et emploient inutilement les sucs productifs; à faire végéter les mauvaises graines qui se trouvent dans la terre, pour ensuite tuer ces plantes par un autre labour; à exposer plus de surface à l'influence de l'air et de la lumière; à faciliter l'action des rosées, des pluies ou des gelées; à briser, émietter ou ameublir la terre; à couvrir les engrais et les mélanger avec le sol; enfin à préparer la terre à recevoir les graines qu'on lui confie. (1)

---

(1) Les hersages, les roulages, toutes les opérations pour briser les mottes de terre, et enlever les mauvaises herbes, sont des dépendances des labours.

Il y a de l'art dans le choix des momens convenables pour labourer avec le plus d'effet possible; et il y a aussi des distinctions à faire dans la manière de labourer, selon le but prochain ou éloigné de l'opération. On a à cet égard divers systêmes, des procédés et des instrumens très-différens les uns des autres, pour des terres à peu-près semblables, selon les pays, les provinces et les cantons. C'est, en général, l'usage plutôt que la raison qui détermine les préférences.

Les procédés du labourage doivent varier selon le terrain, le climat, la force des attelages, la construction des charrues, et enfin selon que les saisons sont plus sèches ou plus humides. Il y a des terrains sur lesquels l'action de l'air et des gelées est extrêmement marquée; et d'autres sur lesquels cette action n'est point sensible à l'œil. (1) Il y a des

____

(1). J'ai dans le domaine que je cultive des champs de terres argileuses, qui, labourés avant l'hiver, s'enlèvent par grosses mottes et offrent une surface extrémement raboteuse. Au printemps toutes les mottes sont détruites et la surface est unie et poudreuse. J'ai

terrains où les plus mauvaises plantes germent plus aisément et ont un accroissement plus rapide. Certaines terres ne peuvent point se labourer lorsqu'elles sont à un certain degré de sécheresse; d'autres se pétrissent, si elles sont trop humides. Le laboureur habile étudie sa terre, consulte la force de ses attelages, la nature de la saison, et prend son temps en conséquence pour faire ses labours.

Dans le système des jachères complettes, tel qu'il est suivi sur une grande partie du sol de la république, le laboureur, après avoir recueilli sa moisson qui est de l'orge ou de l'avoine, commence à préparer sa terre à recevoir du blé l'année suivante. (1) Le

---

dans le même domaine d'autres champs de terres légères, qui, labourés de même avant l'hiver, présentent au printemps exactement le même aspect qu'avant les gelées : toutes les mottes de terre s'y conservent intactes.

(1) J'appelle cette suite d'opérations de la charrue et de la herse *jachère complette* pour la distinguer de la *jachère d'hiver*, qui est une préparation de la terre à porter une graine de printemps, et qui consiste en deux ou trois labours.

labour qui succède à la moisson est destiné
1°. à faire périr les plantes des chiendents,
ou autres graminées nuisibles, en exposant
à l'air les racines de ces plantes : le hersage
qui doit suivre le labour, quand le temps
le permet, contribue essentiellement à les
faire périr; 2°. à enterrer les graines des mauvaises plantes qui ont répandu leurs semences
sur le sol avant la maturité de l'orge ou de
l'avoine, ou pendant la moisson de ces graines; ces semences végètent, en grande partie,
et produisent des plantes que le second labour enterre à la fin de l'automne ou en hiver.

Le second labour est principalement destiné à exposer une plus grande surface à
l'action des gelées, des pluies et des neiges.
Il convient, par conséquent, de ne point
herser après ce labour, afin que les influences
de l'atmosphère agissent sur un plus grand
nombre de points. Dans les terres qui retiennent les eaux, ou qui sont argileuses, on
sillonne souvent la terre, ou on la dispose
en sillons relevés, pour que l'écoulement
des eaux pluviales soit plus facile, et que la
charrue puisse y rentrer plus tôt au printemps.

Dès que les semailles du printemps sont achevées, le laboureur rentre dans la jachère, pour donner le troisième labour, dont le but est de tuer les plantes qui ont végété, principalement les graminées nuisibles, de faire germer les mauvaises graines qui n'ont pas encore levé, et d'exposer de nouvelles parties de la terre à l'action des élémens. Si les chiendents abondent, et que le temps le permette, il est utile de herser après ce labour.

On laboure jusqu'à six fois, dans une jachère complette, lorsqu'on a à cœur de bien purger la terre des mauvaises plantes et des mauvaises graines (1); mais pour pouvoir

____

(1) Les mauvaises plantes et les mauvaises graines sont ici deux choses très-différentes. Les premières sont principalement certaines variétés de graminées vivaces qui se propagent par leurs racines; les secondes appartiennent à toutes les plantes annuelles dont les semences ont le temps de mûrir et de se répandre sur la terre pendant que la récolte est sur pied, telles sont les moutardes, les pavots, les bleuets, les chardons, les vesces bâtardes &c. &c. Ces diverses

donner six labours et les hersages convenables, il faut être singulièrement favorisés par
la saison, et n'avoir pas une exploitation trop
étendue.

Ce n'est point assez, pour purger une terre,
de donner un grand nombre de labours et
de hersages, dans le cours de la saison. Si
l'on se prescrivait de faire un nombre fixe
de labours et de hersages dans l'espace d'environ un an que dure la jachère complette,
en consultant seulement les loisirs des attelages, et sans égard au temps qu'il fait, et
à l'état de la terre, on remplirait mal l'objet;
et d'ailleurs il y a bien des années et des
terrains, où il serait physiquement impossible

semences enterrées par les labours, lèvent ou ne
lèvent pas, selon qu'elles sont plus ou moins profondément enterrées, selon que la terre est plus ou
moins chaude, plus ou moins humide. Une grande
partie de ces mauvaises graines tombe dans le fond
de la raye. A cette profondeur quelques-unes végètent,
mais c'est le petit nombre : les autres pourrissent
dans la terre, ou bien s'y conservent pendant plusieurs
années, pour germer encore, lorsqu'un labour plus
profond les ramènera plus près de la surface du sol.

de donner toute cette culture. L'objet de purger la terre et de l'ameublir serait mal rempli, parce que la fréquence des labours et des hersages importe encore moins à l'efficace de la jachère que le choix des momens pour les donner. En général, pour qu'une terre se laboure avec effet, et sans trop de fatigue pour les attelages, il faut qu'elle ne soit ni trop séche ni trop humide : trop séche, elle est difficile à entamer, se soulève par grosses masses, fatigue beaucoup les animaux et forme un gueret raboteux ; trop humide, elle est lourde sur la charrue, et par conséquent fatiguante pour les attelages, elle se corroye, se pétrit et se durcit ensuite fortement au soleil. Mais il y a certaines natures de terre qui exigent plus d'humidité que d'autres, pour être labourées à propos. Le laboureur connaît, à cet égard, la disposition de ses champs ; et il juge, par la quantité d'eau qui est tombée, par le temps qui s'est écoulé depuis la pluie, par le degré de chaleur qu'il a fait, ou le vent qui a soufflé, s'il peut labourer convenablement telle ou telle pièce de terre. Mais il n'a quelquefois que le choix des inconvéniens, si l'année est alternativement pluvieuse et séche, à longs intervalles, il est obligé de labourer ses jachères dans des circonstances qui ne sont pas les meilleures possibles, sous peine de ne pouvoir donner à ses champs qu'un nombre de labours très-borné.

Il y a un inconvénient particulier aux labours en terre et en temps très-secs, (outre la fatigue des attelages (1) et le mauvais état des guerets), c'est que les mauvaises graines qui sont dans la terre ne végètent pas, quoique le mouvement de la charrue en ait ramené une grande partie dans la couche où

---

(1) Lorsqu'il s'agit d'un second ou troisième labour d'été, en terrain léger surtout, la terre, quoique très-séche, n'offre pas beaucoup de résistance, parce qu'elle est déjà remuée; mais si elle est argileuse, elle fatigue singulièrement les animaux (surtout les bœufs) lorsque le labour précédent a laissé la terre par grosses mottes qui roulent sous leurs pieds et les forcent de choisir leurs pas, ou bien lorsque le gueret courroyé et durci au soleil après un labour qui a été fait en terre humide, offre une surface raboteuse et dure, qui est difficile à diviser et sur laquelle les animaux de labour ne marchent qu'avec peine.

elles devraient végéter. D'un autre côté, les labours faits en terre et en temps secs, sont les seuls propres à détruire les graminées vivaces, les plus grands ennemis du froment, et qui se plaisent dans les terres les plus propres au blé. Les labours en terre humide, ou qui sont suivis immédiatement de pluies abondantes, loin de purger la terre des graminées vivaces, leur donnent, au contraire, une véritable culture qui les fait prospérer. En revanche, ses labours font végéter un grand nombre de mauvaises graines de plantes annuelles, que le labour suivant détruira.

On voit donc qu'il est à-peu-près impossible que tous les objets d'un labour d'été puissent être remplis. Il faudrait que la terre fût assez séche pour tuer les racines des mauvaises plantes vivaces, assez humide pour faire végéter les graines des mauvaises plantes annuelles. Quand la terre est séche, et que la pluie succède, les mauvaises graines végètent, mais les racines des mauvaises plantes végètent aussi. Si la terre est humide pendant le labour, et qu'il succède un soleil chaud, des vents desséchans et soutenus, la partie

des

des gramens que la charrue a ramenée à la
surface, périt; mais les racines de ces plantes
nuisibles, qui se trouvent enfouïes, prennent une activité nouvelle dans cette terre
chaude, humide et nouvellement remuée.

La herse, lorsque l'état de la terre permet
de l'employer, est destinée à seconder l'effet
de la charrue, pour détruire les mauvaises
plantes et ammeublir la terre. Ainsi, lorsque
le labour a ramené à la surface une grande
quantité de racines de chiendent, on promène
la herse pour achever de détacher ces racines,
on les fait rassembler en tas, et brûler. Ce
hersage divise en même temps la terre, et
concourt à la soumettre aux influences bienfaisantes de l'atmosphère. C'est une excellente
opération : elle forme, en quelque sorte, le
complément du labour, parce que les racines
de chiendent ramenées à la surface par ce
labour, ne laisseraient pas de reprendre et de
végéter, si la pluie survenait avant qu'elles
fussent complettement desséchées. Mais pour
employer ainsi la herse avec effet, il faut que
la surface du champ soit passablement unie,
et que la terre ne soit pas trop sèche. Si la

B

surface est très-dure et très-raboteuse, la herse ne mord point, et ne remplit ni l'objet du déblai des racines du gramen, ni celui de la division de la terre.

Le hersage qui a pour objet la division de la terre, et qui succède à un labour qui a laissé la surface du champ extrêmement raboteuse, doit se donner immédiatement après une pluie qui ait pénétré les grosses mottes dont le champ est couvert. Ces mottes se brisent alors avec facilité ; la surface du champ reste passablement unie ; la terre est plus meuble, et le labour suivant se fait avec plus d'aisance.

Comme le labourage est une opération lente, et que l'état de la terre et de l'atmosphère change d'un jour à l'autre, il n'est jamais possible de labourer la totalité des jachères d'une ferme dans des circonstances favorables. Le laboureur le plus habile, et le plus fort en attelages, approche le plus de la perfection : c'est tout ce qu'il peut faire. Il y a des temps où l'on regrette d'être obligé de labourer, parce que l'ouvrage est médiocre ou mauvais, mais il faut occuper les attelages. Il y a d'autres temps où l'on regrette de n'avoir pas des attelages beaucoup plus nombreux, pour pouvoir labourer les terres toutes à la fois et pendant que le terrain se mène bien. Il y a des fermes qui ont deux ou plusieurs natures de terres très différentes, et dans lesquelles il est presque toujours possible d'occuper convenablement les charrues à la culture des jachères. Il y a des années où les pluies ne sont ni trop fréquentes, ni trop rares, ni trop soutenues, et où les travaux des jachères se font avec plus de facilité et d'effet. Mais ce qu'on peut dire, en général, c'est que dans les années sèches les champs se purgent mieux des graminées vivaces, par les opérations de la jachère, et que dans les années pluvieuses les terres se purgent mieux des mauvaises plantes annuelles. Or comme le mauvais effet des graminées vivaces est beaucoup plus sensible sur la récolte de blé qui suit, que l'effet des mauvaises herbes annuelles, on peut regarder l'opération de la jachère comme plus efficace pour la récolte de froment, lorsque l'année est sèche.

Il se fait probablement à la suite du labour, des combinaisons chimiques, dont il résulte une plus grande fécondité de la terre. Peut-être l'air atmosphérique, introduit à une plus grande profondeur, se décompose-t-il ensuite par la végétation, et entre-t-il, soit comme stimulant, soit comme partie constituante, dans la formation des plantes ? Peut-être l'acide carbonique pénètre-t-il le sol de ses influences fécondes ? Peut-être la lumière se combine-t-elle de même ? Peut-être se passe-t-il une opération analogue à celle dont on observe le résultat dans les nitrières, et le sel formé devient-il ensuite stimulant et partie dans la végétation ? Peut-être doit-on la plus grande force végétative de la terre, après les labours répétés, à la réunion de diverses opérations secrètes de la nature, favorisées par l'action de la charrue. Quoi qu'il en soit des divers systêmes qu'on peut former, et que l'observation industrieuse de l'homme pourra dans la suite justifier ou détruire, c'est un fait certain que la terre s'enrichit par toutes les opérations qui secondent les influences atmosphériques.

Indépendamment de la destruction des mauvaises plantes et des mauvaises graines, indépendamment de l'action bienfaisante de l'air, de la lumière, des rosées, des pluies, facilitée par les labours et les hersages, pendant la durée de la jachère, on doit à celle-ci une division plus grande de la terre, dont il résulte principalement les avantages suivans :

1°. Plus la terre est ameublie et divisée dans toute la couche que la charrue a remuée, plus l'action végétative de l'air et de l'eau est immédiate sur un grand nombre de parties. (1)

2°. Plus la division est parfaite, plus aussi le mélange des engrais par le dernier labour et les hersages, est complet, et par conséquent plus le mouvement intestin opéré par les fumiers, est favorisé.

---

(1) Il y a certains terrains et certaines circonstances, où il convient de presser, au contraire, la surface d'un champ, et de le faire pâturer par le menu bétail pour le rendre plus productif. Les distinctions trouveront leur place et leurs explications dans le cours de ce traité.

B 3

3°. La semence s'enterre et se recouvre à une profondeur plus uniforme, et lève mieux.

4°. Les racines des plantes s'enfoncent plus aisément dans leur direction naturelle, mettent leurs suçoirs en contact avec plus de points, et tirent plus de substance de la terre.

5°. Enfin, pendant une grande partie du temps que dure la végétation de la récolte, la terre demeure plus pénétrable aux influences atmosphériques.

Dans la jachère complette, le nombre des labours est nécessairement soumis à la force et au nombre des attelages, et à la disposition sèche ou pluvieuse de la saison. Dans beaucoup d'endroits, on omet le labour d'hiver, par système. On y est forcé quelquefois par les gelées précoces, qui, dès le mois de brumaire, ne permettent plus de labourer. Dans d'autres cantons, où la méthode des jachères est admise, on ne laboure point après moisson. Les chaumes servent de pâturage au bétail, et on ne les rompt qu'en germinal ou même en prairial de l'année suivante. On ne donne alors que trois, et même souvent que deux labours y compris celui de semaille. Les objets qu'on se propose dans la jachère complette ; ne sont alors qu'imparfaitement remplis. Les semences des mauvaises plantes restent en grande partie sur le sol , jusqu'au labour du printemps , qui les enterre au fond de la raie (1) , et le labour suivant n'en fait germer qu'un petit nombre. Les graminées vivaces végètent par leurs racines pendant l'automne et le printemps , et ont pris quelquefois pleine possession de la terre au moment où l'on rompt le champ ; de manière qu'il devient presque impossible de l'en débarrasser tout-à-fait avant les semailles. Enfin la division , l'ameublissement de la terre sont moins complets , en sorte que les avantages des influences atmosphériques , de la végétation facile des racines , du mélange exact des engrais , sont moins grands.

Rozier , dans son article *labours* , donne son

---

(1) Il est probable cependant qu'une partie de ces mauvaises semences laissées sur la surface du champ , périt pendant l'hiver. Une autre partie a végété avant l'hiver dans des temps pluvieux de l'automne , et a produit des plantes que les gelées tuent.

système sur la manière la plus utile de conduire
les labours d'une jachère complette. Il distingue, avec beaucoup de raison, les champs dont
la couche inférieure est ingrate , de ceux
qui ont une grande profondeur de bonne
terre végétale , ou qui ont pour couche inférieure une terre qui puisse se mêler avec
avantage à celle de la surface. Il conseille ,
dans ces deux derniers cas , de labourer profondément la terre après moisson et à l'entrée
de l'hiver. Il conseille le troisième labour à
la fin du printemps , et nomme ces trois
premiers labours *préparatoires*. Il suppose ensuite trois labours *de division*, qui sont faits
coup sur coup , et précèdent immédiatement
les semailles. Dans ce système, la terre demeure sans être labourée, pendant tout le
temps que durent les grandes chaleurs de
l'été. L'Auteur pense que les labours qu'on
donne dans la saison la plus chaude, occa-
sionnent une évaporation nuisible.

Nous avons vu que le laboureur est nécessairement plus ou moins contrarié dans l'objet
de la jachère , par l'impossibilité de faire
promptement beaucoup d'ouvrage, pendant

que le temps est favorable et que la terre se
mène bien ; et cependant je lui supposais
la latitude que donne la durée totale du
printemps et de l'été. Si , comme Rozier le
propose , on retranche au moins deux mois
de l'été, pendant lesquels les charrues de là
ferme restent dans l'inaction , il devient impossible de pouvoir donner à toutes les terres
en jachère , le nombre de labours qu'il
prescrit lui-même.

Il prévient l'objection , et propose de
s'arranger avec les voisins pour leur prêter
des journées de charrue pendant les grandes
chaleurs , sous condition qu'elles seront ren-
dues dans le mois qui précédera les semailles.
Mais en supposant qu'on trouvât à faire un
tel marché , en supposant que les mauvais
temps qui peuvent survenir quand on voudrait forcer de labours , ne rendissent pas
ce marché onéreux à celui qui l'aurait proposé, que serait-ce qu'un secret dont on ne
pourrait retirer l'avantage qu'aux dépens de
ses voisins ? Si l'évaporation est nuisible
pour les champs du propriétaire qui ne veut
pas labourer dans les chaleurs , elle ne l'est

pas moins pour les champs voisins qu'il labourerait sans scrupule ; et le mal qui en résulterait pour l'agriculture en général , ou pour les productions de l'année dans le pays , est le même que si le propriétaire avait labouré ses propres champs. Si donc la méthode était démontrée utile , il lui manquerait d'être praticable pour tout un canton.

Il est possible qu'il se fasse pendant les grandes chaleurs une évaporation des sucs qui seraient utiles à la végétation , et qu'il vaudrait mieux pouvoir conserver à la terre. Il est probable que cette évaporation est facilitée par les labours ; mais nous ne savons point si ceux-ci ne rendent pas beaucoup plus à la terre qu'ils ne lui ôtent , et l'observation des faits semble l'indiquer. Nous voyons , par exemple , que dans la culture préparatoire des turneps , là où cette culture est le mieux entendue , on multiplie les labours et les hersages coup sur coup , dans la saison la plus chaude de l'année , et dans les terres les plus légères. Lorsque la plante est levée , on lui donne un premier sarclage , puis bientôt après un second ; multipliant ainsi les causes d'évaporation , toujours dans le temps le plus chaud ; et cependant les effets de cette culture sont d'accroître beaucoup la fertilité de la terre.

Il n'est point douteux que parmi les moyens connus de bien préparer une terre à porter du froment, la jachère complette ne soit un des plus efficaces. Est-il aussi le plus convenable ? C'est une autre question.

La jachère complette a deux grands incon-véniens ; elle coûte beaucoup , et ne produit rien pendant l'année.

On ne peut calculer que d'une manière approximative, ce qu'il en coûte à un culti-vateur pour labourer ses jachères. Le prix d'une journée de charrue varie en divers lieux, selon le prix des denrées , la nature des terres , la construction plus ou moins parfaite des charrues , et d'autres circonstances encore. Je ne pense pas que la moyenne des labours de jachères qui se font sur tout le sol de la France s'exécute avec moins de trois animaux de trait : c'est-à-dire que ,

comme presque dans tous les terrains, quatre
bêtes, au moins, sont nécessaires pour rompre
en automne, et pour faire le premier labour
du printemps ; comme le même attelage est
encore souvent nécessaire pour les labours
de division, et qu'il n'y a que les terres légères
et les charrues très-bien construites qui puissent se mener avec deux chevaux ou deux
bœufs, je crois rester plutôt au - dessous du
vrai, en calculant que les labours des jachères se font, l'un portant l'autre, avec
trois bêtes.

Si dans quelques cantons particuliers de
la France, le laboureur conduit lui-même
les chevaux ou les bœufs en guidant sa charrue,
cette pratique est trop peu répandue pour pouvoir être prise en considération dans le calcul
moyen des frais de labour, sur le sol entier
de la République. Je pense donc que pour
estimer, d'une manière approximative et générale, la dépense de la jachère, il faut compter
sur trois animaux de trait, un homme et un
jeune garçon, pour chaque labour.

En estimant à 2 francs la journée d'un

cheval ou d'un bœuf de charrue, et à 1 franc 50 centimes la journée de chacun des deux individus qui aident au travail, je crois rester encore en dessous de la moyenne pour toute la France. C'est 9 francs pour la journée de charrue.

J'estime que l'étendue moyenne de terrain labouré dans une journée de charrue répond à l'espace nécessaire pour semer cinq myria-grammes (un quintal) de froment : or, comme ce terrain est labouré six fois dans le cours de la jachère, il faut multiplier 9 f. par 6, ce qui donne 54 francs pour le prix du travail de la charrue. Je suppose quatre hersages seulement, y compris celui de semailles, dans tout le cours de la jachère. Un cheval et un homme suffisent à herser ce que quatre charrues peuvent labourer; la journée de l'homme et du cheval peut s'es-timer 3 francs 50 centimes : le nombre des journées de hersage se trouvant égal au nombre de quintaux de blé que l'on a à semer, c'est 3 francs 50 cent. à ajouter à 54 francs, soit 57 francs 50 cent. Si l'on suppose que dans le cours de la jachère, on ait fait ramasser les racines des chiendents; si l'on fait casser les mottes après la semaille; si l'on ajoute les frais du semeur, et ceux des rigoles d'écoulement, on verra que les frais de la jachère complette montent au moins à 60 francs pour un espace de terrain qui reçoit cinq myriagrammes de blé. Je ne fais entrer dans ce calcul, ni le prix du fumier, ni son charroi sur les terres, parce que ces deux objets de dépense sont les mêmes lorsqu'on ne suit pas le système des jachères.

Le prix moyen d'un quintal de froment, année commune, sur toute la France peut être estimé de 12 à 13 francs. Supposons 12 seulement. Le terrain nécessaire pour semer les cinq myriagrammes de froment, aura donc coûté, de préparation et de semence, 72 f.: voyons ce qu'il doit rendre. (1)

---

(1) Si l'on part de la moyenne trouvée la plus avantageuse en Angleterre (Voyez les observations d'Arthur Young dans sa *Tournée de six mois*) savoir 3 bushels, 150 liv. poids de marc de blé par acre (38380 pieds de France) c'est à très-peu-près 26 ares, soit 25000 pieds pour les cinq myriagrammes.

Je suppose qu'un quart des jachères d'une ferme aura été fumé. La partie fumée pourra rendre 7 à 8 pour un ; mais les trois parties non fumées ne rendront probablement que 4 à 5 pour un. En supposant donc la moyenne à 5 et demi , je crois aller aussi loin qu'on puisse raisonnablement aller dans les suppositions favorables , sur-tout si l'on consi dère qu'il s'agit d'une moyenne sur toute la France. (1) Il faut prélever les semences ; reste à 4 et demi , soit 22 myriagrammes 5 kilogrammes , (4 quintaux et demi) recueillis dans l'espace qui a coûté 60 francs à préparer. Les frais de moisson, de charroi, de battage,

---

(1) Cela revient à très-peu-près a la supposition faite par Arthur Young, de 18 bushels de 50 livres de 16 onces par acre , pour la moyenne des récoltes de blé en France. (Voyez le Voyage d'Arthur Young en France , T. II p. 336.) En comparant les cultures des deux pays, il porte à 25 bushels par acre la moyenne des récoltes de blé en Angleterre. Je crois la supposition trop forte. Si l'on part du résultat des observations qu'il a faites lui-même dans la XXX lettre du *six Mouth' tour* pour quelques provinces du Nord , cette moyenne n'atteint pas tout-à-fait 23 bushels. (Voyez la Bibliothèque Britannique.)

puis de transport au marché, doivent être estimés en déduction du prix des 22 myria-grammes 5 kilogrammes de blé, comme suit:

Pour moissonner . . . . . . 1 franc.
Pour battre 3
Pour le charriage des gerbes, leur engrangement, puis le charriage du blé au marché 1

Total. . . . . 5 francs.

Ajoutons cette somme à celle de 60 francs ci-dessus, c'est 65 francs.

Estimons maintenant la paille. On peut évaluer à 25 gerbes le produit de l'espace dont il est question, et ces gerbes pesant, après le battage, 15 à 17 kilogrammes (30 à 34 livres) peuvent valoir 1 franc la gerbe, pour les mettre au plus haut: ce serait 25 f.; mais ces 25 f. ne doivent point être portés en recette, parce que le fumier n'a pas été porté en dépense. La recette ne peut se composer que du produit des 22 myriagrammes 5 kilo-grammes de blé froment, au prix supposé ci-dessus, de 12 francs, soit 54 francs.

Il résulte de ce tableau que chaque espace de terrain où le laboureur a semé 22 myria- grammes 5 kilogrammes, ou un quintal de blé, sur une jachère de six labours , lui a coûté onze francs, pour l'année de la récolte , et ne lui avait rien rendu l'année précédente ; ensorte que la perte moyenne de ces deux ans est de 5 francs 50 centimes , par chaque quintal de semature.

En voyant cet étrange résultat , on soup- çonne quelque vice dans le calcul , puisque loin d'avoir de quoi payer le prix de la ferme , le prix des impôts , l'entretien des attelages , et tous les faux frais inévi- tables, le fermier est obligé de débourser de l'argent après tous ses travaux. Mais cela s'explique si l'on réfléchit , 1°. qu'il n'arrive presque jamais que l'on donne jusqu'à six la- bours de jachère : c'est un luxe de culture qui n'est bon que dans les livres, et qu'on peut tout au plus se permettre sur un petit terrain d'expériences (1) Le nombre des la-

______

(1) Il n'est pas rare dans la province Anglaise de Norfolk de donner jusqu'à 6 labours à une terre qui

bours de la jachère complette se réduit ordinairement à trois , et les hersages à deux : voilà tout d'un coup la moitié des frais supprimés. Quoique la moyenne de la récolte alors , doive peut-être s'estimer au-dessous de cinq et demi , cependant le fermier a un résultat qui rend l'opération de la jachère moins ruineuse. La seconde observation à faire, c'est que la troisième année, qui est celle de l'avoine, coûte infiniment moins de préparation , puisque dans les départemens où l'on sème avant l'hiver , c'est souvent sur un seul labour , et dans d'autres sur deux, tout au plus , que l'avoine se met en terre.

Il est évident qu'un tel systême est ruineux pour le cultivateur , s'il l'applique à la totalité des terres soumises aux opérations de la

---

doit porter des turneps ; mais 1°. ces labours se font avec une charrue si légère et si parfaite qu'on laboure jusqu'à deux acres par jour, avec deux chevaux, c'est-à-dire, trois à quatre fois plus de terrain que je n'en ai supposé. 2°. L'année produit une récolte , et cette récolte est du plus grand prix.

charrue. Mais les labours et les hersages qui constituent le procédé de la jachère complette, sont quelquefois très-utiles pour réparer l'épuisement de certaines terres , et les purger de certaines plantes nuisibles. J'indiquerai , dans le cours de cet ouvrage , les cas dans lesquels je pense que la jachère peut être préférée avec avantage à toute autre manière de traiter un terrain.

CHAPITRE II.

DU SYSTÊME D'ALTERNER LES CHAMPS ENTRE LES PLANTES A RACINES FIBREUSES ET LES PLANTES A RACINES PIVOTANTES.

ON avait à peine en France quelques notions pratiques sur l'art des assolemens, lorsque Rozier fit son article *alterner* et s'attacha à démontrer l'abus des jachères. L'introduction du trèfle, comme récolte intercalaire, était alors encore récente, et l'agriculture de la France doit beaucoup à cet auteur qui a fait sentir une grande partie des avantages de cette plante améliorante. Mais si Rozier eût étudié en Flandre et en Angleterre la théorie des assolemens, il aurait tout autrement avancé les connaissances sur cet important chapitre de la science agricole.

Le principe d'après lequel il conseille de

remplacer les plantes à racines fibreuses par les plantes à racines pivotantes , et réciproquement, c'est que les unes tirant leur substance de la couche supérieure du champ , tandis que les autres vont la chercher à une plus grande profondeur, elles ne se font réciproquement aucun tort , et n'épuisent pas la terre pour la récolte qui doit suivre. Si l'on examine cette opinion , qui d'abord paraît spécieuse , on conserve bien du doute sur sa solidité. Je vais m'arrêter quelques momens à la considérer.

La couche de terre remuée par la charrue varie en épaisseur depuis trois à quatre pouces jusqu'à sept ou huit , selon l'usage des lieux, la construction des charrues employées , et la nature du terrain que l'on cultive. Quelle que soit la profondeur habituelle des labours dans un canton , il reste au-dessous de la couche remuée, un plan qui n'a jamais été entamé , et que les racines des plantes pivotantes , dans les récoltes intercalaires , ne pénètrent point. Quelle que soit la nature de cette terre vierge , qu'elle soit argileuse , graveleuse , ou végétale , elle est toujours

excessivement dure , parce que , de temps
immémorial , elle a été battue et foulée par
les pieds des animaux de labour qui marchent
dans la raie ouverte , et par le soc de la
charrue , dont le talon appuye fortement sur
ce plan qui lui sert de point d'appui , tandis
que la terre supérieure se déchire et se
soulève avec effort.

Si l'on regarde les racines d'un trèfle que
l'on rompt à la seconde année , on voit qu'elle
n'ont pas pénétré dans cette couche dure qui
est au-dessous de la terre remuée. Ces racines
pivotantes ont de 4 à 8 pouces de long, suivant que la couche remuée est plus ou moins
épaisse. Elles sont souvent bifurquées à 2 ou
3 pouces du collet, et jettent dans la totalité
de leur longueur , surtout près de la surface
du sol, des radicules latérales nombreuses ,
déliées , et quelquefois tres-étendues. La même
chose peut s'observer des raves ou navets ,
des fèves , des carottes , (1) et des autres

____

(1) Il y aurait peut être une exception à faire pour
les carrottes, dans de certaines terres. Dans les terrains
où la couche inférieure n'est pas argileuse , les carrottes pénètrent quelquefois plus bas que la charrue.

plantes pivotantes annuelles ou bisannuelles, employées comme récoltes intercalaires.

Il y a cependant des plantes pivotantes vivaces, dont les racines pénètrent à la longue dans la couche inférieure la plus dure, et y végètent avec vigueur, pourvu que les eaux n'y séjournent pas : telles sont la luzerne et le sainfoin ; mais ces plantes, qui peuvent et doivent entrer dans certains assolemens à long terme, ne sont pas du nombre de celles qui fournissent aux récoltes intercalaires dans le système d'alterner.

Si l'on examine avec soin les racines du froment, on voit que leurs ramifications pénètrent dans toute l'épaisseur de la couche remuée par la charrue. Le chevelu est plus serré, plus abondant auprès de la surface du sol, mais les racines fibreuses vont aussi chercher la nourriture de la plante dans la partie inférieure de la couche remuée.

Il résulte de ces faits que les plantes à racines pivotantes et les plantes à racines fibreuses, tirent leur nourriture de la même couche de terre , c'est-à-dire, de la totalité de la terre remuée ; et que si l'on peut conclure avec quelque vraisemblance , de l'inspection des racines, que les unes tirent plus du fond de cette terre remuée , et les autres plus de la surface , nous allons voir qu'on ne peut pas argumenter de cette différence pour fonder le système d'alterner entre des plantes pivotantes et des plantes à racines fibreuses.

Il est évident que les labours et les hersages qui ont lieu entre une récolte et l'autre , dans le système d'alterner , mêlent et confondent les molécules qui occupaient le fond , le milieu et la surface de la terre remuée ; et qu'alors on ne peut plus distinguer ces couches , qui auparavant pouvaient être considérées chacune à part. Supposons , qu'en effet , le trèfle , par exemple , ait tiré toute sa substance du fond de la terre remuée , et que cette partie inférieure , (qui dans cette supposition est épuisée de ses sucs végétatifs) soit ramenée à la surface par la charrue , pour recevoir le blé. Si le système est fondé , le blé ne doit pas réussir ; et cependant chacun sait aujourd'hui combien un seul labour qui rompt un beau trèfle , est une excellente préparation pour le blé. L'auteur du Cours complet raisonne sur ce point comme s'il existait dans la terre remuée par la charrue deux zones distinctes : l'une toujours supérieure, destinée à nourrir les plantes à racines fibreuses, l'autre, toujours inférieure , destinée à alimenter les plantes pivotantes. Il n'y a rien de vrai dans cette supposition : les racines pivotantes se nourrissent également près de la surface ; les racines fibreuses s'alimentent près du fond , et les deux couches se mêlent à chaque labour.

Tout paraît confus dans cet article , et il ne saurait , je pense , soutenir l'analyse. Citons les paroles de l'auteur : "Ainsi , lors-
„ qu'on alterne sur un trèfle , sur un sainfoin,
„ sur une luzerne, sur une ravière , etc. ,
„ on est sûr que la récolte suivante sera co-
„ pieuse , parce que les racines de ces plantes
„ n'ont absorbé les sucs de la terre qu'à une
„ profondeur plus considérable que celle où
„ les racines des blés auraient puisé pour se
„ nourrir. Dès lors en labourant cette terre
„ ou en la brisant , le terrain de la partie

„ supérieure dont les sucs n'ont point été
„ épuisés et diminués , est enfouïe , et présente
„ une abondance de sucs nourriciers aux
„ racines qui la pénétreront ; au contraire les
„ racines des blés consommant les sucs du
„ terrain supérieur , laissent intacts ceux de
„ la partie inférieure. Dès lors on voit les
„ avantages qui doivent nécessairement résul-
„ ter de la méthode d'alterner. (Vol. 1 p. 417.)

Mais si l'on enfouit la couche qui était
supérieure , et dont le blé a consommé les
sucs , comment cette couche appauvrie nour-
rira-t-elle les racines pivotantes de la récolte
qui succédera ? Et comment , en revanche,
les racines traçantes et fibreuses du blé , iront-
elles chercher assez bas la couche qui était
supérieure pendant la végétation du trèfle ,
de la luzerne , etc. ? Le fait est , je le répète,
que les deux couches se confondent , que le
blé et le trèfle se nourrissent dans la même
épaisseur de terre , et qu'il faut nécessairement
avoir recours a la supposition de sucs nourriciers de différentes natures , ou susceptibles
d'être différemment modifiés , qui alimentent
les plantes de natures différentes , lorsqu'elles
éprouvent une végétation également forte
dans un terrain où elles se succèdent.

CHAPITRE III.

DE LA THÉORIE DES ASSOLEMENS.

IL paraît que c'est aux Flamands que l'agriculture est redevable de l'invention de ces cours réguliers qui ramenant les mêmes récoltes dans une rotation constante, maintiennent une fécondité dont chaque année fournit la preuve. C'est dans un pays fertile que l'idée de demander à la terre tous les ans une récolte, a dû prendre naissance ; mais on n'a pas tardé, sans doute, à s'appercevoir que, même dans les terrains privilégiés par la nature, on ne pouvait espérer d'obtenir plusieurs années de suite, de belles récoltes du même genre.

Par une dispensation remarquable dans l'économie de la nature, l'aliment le plus nécessaire aux nations policées d'une partie considérable du globe, ne peut s'obtenir que par de grands travaux. Le Ciel nous vend au prix de nos sueurs, les productions qui nous sont indispensables. On dirait que pour forcer l'homme à un travail salutaire , la nature a voulu compliquer sa tâche ; on dirait qu'elle fait prospérer les herbes ennemies du blé , par les mêmes procédés de culture qui font croître cette plante , afin d'obliger le cultivateur à développer toute son industrie. En effet, parmi les plantes nuisibles au froment et dont la végétation est spontanée , il y en a deux principalement qui prospèrent par un peu de culture ; et qu'on ne peut tuer que par beaucoup de culture.

L'une de ces plantes , le chiendent , *triticum repens* est plus commune dans les bonnes terres légères , l'autre , *l'avoine à chapelets* (1) s'établit communément dans les bonnes terres argileuses.

---

(1) C'est une variété de *l'avena elatior*, ou une espèce de fromental. Sa végétation est lente dans les deux premières années : ce n'est qu'à la troisième que ses racines bulbeuses se propagent avec rapidité , et qu'elle prend en quelque sorte possession d'un champ, au grand détriment du blé qu'elle fait avorter. Sa graine mûrit plus tard que celle du grand fromental des prairies , mais toujours assez tôt pour s'égrainer avant moisson ou pendant la moisson.

Lorsqu'on répète les récoltes de froment ou de grains blancs (1) sans intervalle, il y a deux causes qui concourent à l'affaiblissement progressif des récoltes : la première est l'épuisement graduel des sucs nourriciers nécessaires aux grains blancs , la seconde est la multiplication des mauvaises herbes, (et en particulier de l'une ou des deux plantes ci-dessus désignées) lesquelles prennent si bien possession de la terre, qu'elles en absorbent les sucs et font manquer la récolte. La première cause de l'affaiblissement annuel des produits peut être combattue par les engrais , qui renouvellent les sucs de la terre ; mais lorsque le terrain est infesté à un certain point de plantes nuisibles, on a beau répandre du fumier, on n'obtient que de chétives moissons : il faut revenir aux labours répétés, aux hersages , aux cultures à houe , etc.

Cette force de végétation des graminées qui tuent les blés est une indication naturelle que la terre veut produire, mais qu'elle

____

(1) Les grains blancs sont toutes les variétés de blé, d'orge, d'avoine, ou de seigle.

veut changer de productions. C'est à l'agriculteur à ne lui demander que celles qui
conviennent à la nature des sucs qu'elle a à
donner, et qui permettent, en même temps,
d'extirper l'herbe ennemie de nos récoltes
céréales, ou de l'empêcher de renaître, quand
on a réussi à la tuer. Les récoltes vertes, que
l'on peut houer, sarcler ou labourer dans
les intervalles des plantes, sont doublement
propres à succéder aux blés, et à en préparer le retour ; parce qu'en même temps
qu'elles tirent de la terre des sucs nourriciers qui ne paraissent pas nécessaires aux
grains, elles permettent de nettoyer le terrain des plantes nuisibles au froment. C'est
une façon de jachère. C'est toujours remuer
le terrain pour le pulvériser, l'exposer
aux influences atmosphériques, et tuer les
plantes nuisibles ; mais c'est une jachère
productive : la récolte verte vaut quelquefois
autant qu'aurait pu valoir une récolte de
grains ; la récolte de grains qui succède est
souvent aussi belle qu'elle aurait pu l'être,
si une jachère stérile l'eût préparée.

Les prés artificiels dont les plantes sont à

racines pivotantes, savoir le sainfoin, la luzerne, et le trèfle, préparent aussi fort bien la terre pour le blé qui doit succéder. mais c'est d'une manière différente des récoltes sarclées. Les deux premières plantes dont la durée varie, selon les terrains et les soins, entre six et douze années, préparent de belles récoltes céréales, soit par l'accumulation des sucs propres à nourrir les grains, (accumulation que les influences atmosphériques font dans les couches supérieures) soit par la décomposition des feuilles et des insectes qui pourrissent annuellement en grand nombre tant que les plantes vivent, et la putréfaction des racines lorsque la charrue les tue : il résulte de cet engrais végétal une certaine quantité de terreau ou de véritable terre féconde.

Les sainfoins et les luzernes poussent des racines jusqu'à une profondeur extraordinaire lorsque la pierre ne les arrête point, ou que les eaux ne les font point pourrir. Ces deux plantes tirent une partie de leur substance des couches inférieures à celle que la charrue affecte ; mais il est probable qu'elles en tirent

une beaucoup plus grande partie de la couche
de 5 à 6 pouces qui a été soumise à l'action
de la charrue. Lorsqu'on examine une racine
de sainfoin ou de luzerne, on observe (ainsi
que je l'ai dit en parlant du trèfle) un grand
nombre de radicules latérales, qui ont souvent
jusqu'à deux pieds de long, et portent elles-
mêmes d'autres ramifications. Ces radicules
commencent immédiatement au - dessous du
collet de la plante, et sont beaucoup plus
multipliées dans la zone soumise aux labours
que dans les couches inférieures. Lorsque l'on
coupe le pivot à six pouces du collet, comme
on le fait dans la culture de la luzerne et
du sainfoin transplantés, toutes ces radicules
grossissent promptement, et deviennent de
véritables racines. Le pivot ne recroît point;
et la plante, de pivotante qu'elle était, se
trouve transformée en une plante à racines
fibreuses. Son jet en herbe n'en est que plus
abondant; elle devient en quelque sorte
un arbuste. Cette prospérité démontre deux
choses : la première, c'est qu'il n'est pas absolument nécessaire que ces plantes cherchent
leur subsistance à une profondeur plus grande
que la couche labourée, la seconde que les

suce

sucs nourriciers extraits par les plantes , de cette couche labourée , pendant un grand nombre d'années , ne sont point du même genre que ceux qui sont nécessaires aux grains ; puisque les grains prospèrent après , puisqu'ils trouvent dans cette même terre qui a déjà tant fourni de substance , une provision de sucs qui paraît intacte.

Le trèfle employé pour alterner dans les champs est une plante bisannuelle. Dans les terrains où elle n'a jamais végété , et qui sont en très-bon état , elle peut donner une récolte jusqu'à la troisième année : ordinairement cette récolte de la troisième année est faible ; une partie des plantes a péri dans le second hiver , et les vides se sont remplies par des gramens dont la croissance est spontanée. Il est donc plus profitable de ne laisser le trèfle que dix-huit mois en terre , c'est-à-dire , de rompre , au mois de thermidor ou fructidor , le trèfle qui avait été semé en ventôse ou germinal de l'année précédente.

Ce n'est pas tant sous le rapport de la diminution de la récolte de fourrage qu'il importe

D

de ne pas laisser le trèfle en terre jusqu'à la troisième année ; mais c'est par la raison que, dans un trèfle où les plantes sont rares, les chiendents prennent le dessus, et que leurs racines ayant le temps de se multiplier et de se fortifier, ces chiendents nuisent essentiellement à la récolte des grains qui succède au trèfle.

Pour que le trèfle soit une bonne préparation au froment, il est absolument nécessaire que la récolte en soit belle. Si les plantes sont serrées et vigoureuses, elles couvrent tellement la terre de leur ombre, que les chiendents ne peuvent pas végéter, et que la terre se trouve parfaitement nettoyée de mauvaises herbes lorsqu'on sème ensuite le froment. Dans un assolement où l'on fait entrer le trèfle, il est donc d'une souveraine importance d'assurer par tous les moyens possibles la pleine réussite de cette récolte. Or, pour cela, il ne faut pas revenir trop souvent à cette plante, de peur que la terre ne s'en lasse ; il ne faut la semer que dans les terres très-nettes, et bien fumées. Avec ces précautions, le trèfle est le plus puissant amélio-

rateur des terres que l'on connaisse dans
l'agriculture moderne ; mais si on les néglige,
le trèfle perd tout cet avantage si précieux ;
il laisse encore plus sales les terres qui étaient
sales avant lui ; il donne peu de fourrage,
et prépare une chétive récolte de blé.

Les prés-gazons que l'on forme avec des
fromentals, des bromes, des festuques, et
autres graminées, sont aussi un moyen d'alterner les terres, et peuvent entrer dans les
assolemens à long terme. Une terre épuisée
pour les grains, par une longue suite de récoltes céréales, peut être convertie en pré-
gazon, et se retrouver, au bout d'un certain
nombre d'années, en état de donner de très-
riches récoltes de grains ; ce qui (si cela
était nécessaire) completterait la preuve que
ce n'est pas à la différence dans la forme des
racines qu'on doit la faculté des prés artificiels
de préparer de belles récoltes céréales : les
graminées des prés-gazons ont des racines
fibreuses, tout comme les blés ; et le chevelu
en est si serré, qu'au lieu d'améliorer la
terre, elles l'épuiseraient complettement des
sucs nécessaires aux blés, si ces sucs étaient

de la même nature que ceux qui font prospérer l'herbe.

Un autre genre de plantes fournit des ressources aux assolemens, ce sont les plantes légumineuses à feuilles larges, et à fleurs papillonacées, telles que les vesces d'hiver ou gesses, les vesces de printemps ou poisettes, les pois de diverses espèces, les fèves et feverolles d'hiver et de printemps, les lupins, les lentilles, etc. Parmi ces plantes quelques-unes demandent les sarclages, d'autres ne les comportent pas, d'autres enfin peuvent s'en passer ; mais les sarclages sont d'une bonne agriculture dans tous les cas où ils sont possibles, et la différence de sarcler ou de ne pas sarcler en fait souvent une du tout au tout, pour l'effet sur la récolte de blé qui succède.

Il y a encore quelques graminées qui peuvent tenir leur place dans des assolemens bien réglés, telles sont le chanvre, le lin, le maïs, le sorgho et leurs variétés. Reprenons maintenant les principes que nous avons indiqués au début, et donnons leur quelques développemens.

Pour bien combiner un plan d'assolement, il faut avoir égard à un grand nombre de données, qui varient selon les terres, le climat, le genre de culture du pays, la proximité des villes, le prix relatif des denrées, la facilité des débouchés, etc. Le but final de l'agriculture étant le plus grand profit du cultivateur, sans doute que le meilleur assolement est aussi le plus profitable ; mais il faut considérer ce profit d'une manière générale, dans une certaine suite d'années, relativement à la valeur croissante d'un domaine, et non par rapport à une ou deux années seulement. La bonne agriculture est prévoyante. Pour qu'un assolement soit bon, il faut donc :

1°. Qu'il nettoye la terre, et la maintienne en bon état, prête à donner toujours de belles récoltes, sauf les saisons décidément contraires.

2°. Qu'il donne le plus grand revenu que la terre puisse comporter, sans nuire au principe de la conservation et de l'amélioration.

Je pense que toutes les autres conditions d'un bon assolement rentrent dans les deux que je viens d'indiquer. Ainsi le soin de faire succeder des récoltes vertes aux récoltes céréales, les récoltes fumées à celles qui ne le sont pas, d'entremêler les récoltes à sarcler ou les récoltes des plantes qui donnent une ombre épaisse, avec les céréales qui fournissent principalement à notre subsistance, le soin d'éloigner suffisamment le retour des mêmes productions, pour que la terre qui se plaît dans la variété, soit toujours disposée à donner : la convenance, dis-je, de ces diverses attentions rentre dans la première des conditions d'un bon assolement. La seconde condition suppose le principe de l'économie dans la main-d'œuvre, et la préférence des récoltes, dont les produits sont d'une vente facile et lucrative, toutes les fois que cette préférence ne contrarie point les principes fondamentaux d'une bonne agriculture.

Je ne dirai pas, avec Arthur Young, qu'une condition des bons assolemens soit de fournir alternativement de la nourriture pour l'homme et les bestiaux; mais c'est là un résultat heureux, qui se rencontre ordinairement dans les combinaisons d'alternance fondées sur les principes indiqués. Ainsi dans le fameux et le plus simple assolement de Norfolk : turneps, orge, trefle, blé, il y a alternativement une récolte pour l'homme et les bestiaux : ceux ci, abondamment nourris, font beaucoup d'engrais, et c'est un des bons effets de cette rotation. Mais, si le même assolement, qui donne tantôt à l'homme et tantôt aux bestiaux, ruinait la terre, ou seulement s'il ne la maintenait pas dans un état de netteté parfaite, il serait essentiellement vicieux.

C'est ainsi que l'alternance prolongée de trèfle et de blé, qui fournit, de deux années l'une, la subsistance à l'homme et aux bestiaux, est néanmoins vicieuse, parce qu'elle ne tarde point à souiller la terre de mauvaises plantes. Mais, comme il arrive que la plupart des récoltes intercalaires qui demandent la houe sont destinées aux bestiaux, et que ce fait est favorable à l'amélioration des terres, puisque les récoltes se consommant sur les fonds, les fumiers en sont plus abondans, on a confondu un résultat avec un principe. Nous verrons bientôt qu'il y a d'excellens assolemens, où ce résultat ne se trouve pas obtenu; mais je conviendrai néanmoins que toutes les fois qu'on en a le choix, sans s'écarter des principes fondamentaux, on ne doit pas négliger un effet utile.

Les principes généraux doivent recevoir des modifications sur-tout relatives au climat, mais calculées aussi sur l'ensemble de la culture propre au pays dont il s'agit. L'imitation pure et simple des rotations pratiquées dans les endroits où l'on entend le mieux les assolemens, ne produirait pas toujours le meilleur résultat que l'on puisse obtenir, lors même qu'il y aurait une analogie parfaite dans la nature des terrains. Il est aisé de comprendre, par exemple, que dans les pays où la moisson se fait communément au commencement de messidor, on a, pour faire succéder une récolte avant l'hiver, une facilité qui manque aux pays dont la maturité est plus tardive d'un mois ou deux. Il est également aisé de concevoir

que, là où il y a une vente réglée et avantageuse de bestiaux gras, la culture des plantes
destinées à les engraisser, a une toute autre
importance que dans les pays où cette industrie de l'engrais ne peut offrir les mêmes
profits. J'ajouterai que dans l'enceinte du territoire Français, il y a une telle variété de
climats, de terrains et de culture, qu'il faudrait, en quelque sorte, un traité à part
pour chaque département, avec des modifications pour chaque canton. Dans un sujet
de cette nature, il faut donc se prescrire certaines limites. On ne saurait tout dire, mais
il faut dire assez pour mettre sur la voie
ceux qui veulent réfléchir et connaissent
leur art.

La division générale des terrains en terres
légères et terres argileuses, est nécessairement
très-vague : il y a beaucoup de nuances intermédiaires qui échappent à la description; et
dans les terrains qualifiés de terres fortes,
pesantes ou argileuses, comme dans les terrains qu'on appelle légers, sablonneux, gra-
veleux, il y a des variétés sans nombre.
Le grain de la terre, sa consistance, la

quantité de pierres, la nature de la couche inférieure, la présence des eaux souterraines, la disposition horizontale ou inclinée, la direction de la pente vers l'un des points de l'Orient, doivent apporter des modifications essentielles, dans les principes de l'agriculture : j'indiquerai les plus importantes ; mais je m'en tiendrai à la grande division en terres légères et terres argileuses, pour considérer les assolemens qui leur sont respectivement propres ; et je tâcherai d'établir les distinctions commandées par le climat et les circonstances locales.

CHAPITRE IV.

DES ASSOLEMENS DE TERRES LÉGÈRES.

O N peut dire que la valeur acquise par les terres légères dans le perfectionnement des rotations de récoltes, est comparativement plus grande que celle des terres argileuses. Les terres graveleuses ou sabloneuses, auxquelles les attelages les plus faibles suffisent, que l'on peut labourer en tout temps, dont la végétation est rapide, que les eaux pluviales ne refroidissent jamais trop, auraient eu de tout temps un avantage marqué pour les cultures céréales, si l'évaporation trop facile des sucs, si le peu de consistance de la terre, si la végétation très - rapide des chiendents, n'eussent offert des inconvéniens graves relativement à la culture de toutes la plus importante, celle des blés. On destinait autrefois exclusivement ces terrains au seigle et à l'orge : nous avons appris à leur faire rapporter de belles récoltes de froment, et nous devons ce changement heureux à l'introduction des trèfles dans les champs.

Lorsqu'on séme du trèfle dans une terre légère, qui n'en a jamais porté, la végétation de cette plante est ordinairement vigoureuse. Son ombre épaisse tue, ou fait languir les graminées vivaces ; ses racines et les feuilles qui tombent en fanant, engraissent le terrain ; et cette récolte donne enfin à la terre une consistance, une capacité de produire du froment, qu'elle n'avait point auparavant. (1)

Mais les bons effets que je viens de décrire vont en décroissant d'année en année, à mesure que l'on multiplie les récoltes de trèfle, si c'est au point d'en lasser le terrain

----

(1) Ceux qui n'ont pas été témoins de cette métamorphose, auront peine à concevoir l'effet améliorant du trèfle sur les terres légères. Il y a plus de 25 ans que j'en ai été témoin pour la première fois, et depuis le même temps, je suis à portée de suivre les effets de l'emploi vicieux du trèfle, par comparaison avec l'emploi judicieux de cette même plante.

et sans y mettre pour correctif d'autres récoltes intercalaires. La pratique de la province de Norfolk en Angleterre, (pratique originairement imitée des Flamands, mais modifiée et adaptée aux convenances locales) est de nettoyer par la culture des turneps, la terre que le blé a salie, et de semer dès le printemps suivant, en même temps que l'orge, le trèfle qui doit être rompu 18 mois après, pour faire place au blé. Cette rotation, qui offre les deux principaux avantages de nettoyer la terre et de la maintenir en état de donner de belles récoltes, mérite d'être examinée.

Il n'est pas rare de voir donner six labours, avec les hersages et roulages convenables, pour préparer la récolte des turneps, qui est toujours abondamment fumée. Le bon cultivateur n'épargne rien pour la faire réussir, parce que le plein succès des turneps assure en quelque sorte, comme nous allons le voir, les récoltes de trois autres années.

La terre déjà bien pulvérisée, purgée d'un grand nombre de mauvaises plantes et de mauvaises graines, est ensuite nettoyée à fond par les deux sarclages que l'on donne aux turneps. L'ombre des feuilles de ces grosses raves, (qui après le second sarclage, couvre bientôt complettement la terre) empêche les mauvaises plantes de repousser ; et, lorsque la consommation des racines commence , la force végétative de la terre pour produire de mauvaises herbes, est à peu-près suspendue. (1)

La consommation des racines se fait de diverses manières : quelquefois on les arrache pour les faire consommer aux bœufs à l'engrais , sous des hangars, ou à des moutons, dans des champs voisins , que l'on veut améliorer.

Il est rare néanmoins que dans les terres légères, que le piétement du bétail ne pétrit pas, cette méthode soit suivie : si l'on arrache , ce n'est que la moitié des racines , comme pour les éclaircir, et l'on fait consommer le reste sur la place ; mais la méthode

---

(1) C'est ordinairement au commencement d'octobre qu'on entame les champs de turneps.

la plus estimée, celle des vrais cultivateurs, est de faire parquer les moutons, sur les turneps en pleine maturité, et de laisser digérer ces animaux sur le lieu où ils se sont nourris. Les turneps augmentent singulièrement l'urine des moutons qui les consomment, et la terre s'en enrichit. Les feuilles souillées que les animaux ne mangent pas, les fragmens des racines qui restent en terre, se pourrissent ensuite avec la fiente et l'urine, et donnent un second engrais aussi efficace que celui qui avait été répandu pour assurer la récolte des turneps.

Remarquons ici combien est abrégé par cette méthode, le long circuit que fait dans nos systêmes de culture, le résidu des productions fourrageuses pour retourner à la terre. Nous fauchons, nous fanons, nous charrions à grands fraix, nous resserrons dans nos granges, nous distribuons avec des soïns minutieux, la nourriture aux bestiaux pour les nourrir ou les engraisser, et nous rassemblons ensuite l'engrais mêlangé de pailles, qu'il faut laisser pourrir avant de le charrier et de l'étendre sur les terres. Que de temps,

que de peines, que de dépenses épargnées !
Point de frais de récolte, point de charriages, point de pailles, point de main-d'œuvre.
Les moutons se chargent de tout. Rien n'est
perdu : l'urine et la sueur sont mises à profit ; (1) les débris même des plantes consommées rentrent en engrais dans cette terre qui
les a produites ; et une même opération nourrit les animaux et enrichit la terre.

On ne doit pas s'étonner si la récolte d'orge
qui succède à une telle préparation est toujours très-belle ; mais quelque profitable que
soit cette récolte au cultivateur Anglais, elle
n'est que d'une importance subalterne, en
comparaison du trèfle qui se sème en même
temps, et dont il s'agit, avant tout, d'assurer
la réussite. Semer le trèfle sur une terre nette

____

(1) Les belles expériences de Paradis prouvent
que la sueur des moutons, ou les gaz qui émanent
de leur corps, font une grande partie de l'engrais
dont se pénètre la terre, dans le parcage. Les races
qui ont le plus de suint, telle que la race Espa-
gnole, devraient, ce semble, donner une amélioration plus grande par l'engrais du parc. (V. la Bibl.
Brit. vol. 6 de l'agriculture.)

et

et en bon état, est une attention indispensable ; mais le semer sur une terre fraîchement labourée et bien pulvérisée, est une
agriculture beaucoup mieux fondée en principes que celle que l'on suit dans la plupart
des départemens où l'on connaît le trèfle ,
et où on le sème par-dessus le blé , au printemps. En effet, il est aisé de rendre sensible,
par le raisonnement, l'avantage de la méthode
de Norfolk , comme il est sensible par l'expérience. Le trèfle semé après la herse qui
couvre l'orge, et fixé en terre, plutôt que
recouvert , par le rouleau , germe facilement
dans un terrain parfaitement amendé. Les
racines pivotantes de la jeune plante s'enter-
rent promptement; la fane de l'orge protège
le trèfle sans lui nuire ; et végétant avec les
circonstances les plus favorables, il est bientôt assez fort pour ne pas craindre la sécheresse , si elle survient. Après la récolte de
l'orge , le trèfle prend pleine possession de la
terre , et l'épaisseur de son ombre empêche
les chiendents de naître (1). On fait ordinai-

____

(1) C'est un point qu'il ne faut jamais perdre de
vue que l'importance d'empêcher la végétation des

E

rement pâturer ce trèfle par des chevaux : c'est un des meilleurs moyens d'en tirer parti sans nuire au terrain, que nous supposons léger (1).

Quelquefois (et c'est même la pratique la plus générale dans certains cantons), le trèfle se sème avec l'ivraie vivace que les Anglais nomment *ray-grass*. Cette herbe extrêmement hâtive, verdit au printemps avant toute autre : elle reçoit au pâturage les brebis qui ont leurs agneaux, ou les bœufs qui ont été engraissés par les turneps pendant l'hiver, et qui n'ont besoin que d'être achevés. Souvent ce pacage se prolonge assez tard dans le printemps pour qu'on ne puisse faire qu'une

---

chiendents, ou de se réserver la possibilité de les extirper : les récoltes qui ne les tuent, ni les empêchent de naître, ni ne permettent les sarclages, sont toujours nuisibles à la terre, parce qu'il y a une force sans cesse agissante, qui reproduit ce poison des blés, et avec le plus d'abondance dans les bonnes terres.

(1) On pourrait aussi le faire pâturer par des vaches ou des moutons : je reviendrai sur ce détail.

seule coupe : quelquefois on en fait deux; et le blé succède, sur un seul labour.

Ce blé, semé dans une terre complettement exempte de chiendent, qui se ressent encore de l'amendement des turneps, et que le parcours des bestiaux, les feuilles et les racines du trèfle ont améliorée; dans une terre surtout qui n'a pas eu du blé depuis quatre ans, et qui est par conséquent disposée à le bien recevoir, ce blé, dis-je, est ordinairement très-beau, et donne huit à neuf pour un de produit moyen, quoique les terrains dans lesquels on suit cette culture, ne soient pas proprement des terres à blé, et qu'anciennement elles ne donnassent que de chétives moissons de seigle.

On voit que le grand pivot de cette agriculture, c'est le turnep. C'est par le turnep, bien fumé et bien sarclé, qu'on a de beau trèfle : c'est par le trèfle bien épais et bien réussi qu'on a de beaux fromens. J'observera que cette rotation qui, dans quelques endroits, est suivie depuis plus d'un siècle, commence à lasser la terre par sa constance : les turneps

et les récoltes de trèfle baissent assez sensiblement, et par conséquent les deux récoltes
de grains. On y remédie en éloignant davantage les retours de la récolte de turneps et
de trèfle, au moyen d'autres productions intercalaires.

De toutes les leçons utiles qu'on peut dé-
duire de l'examen de la rotation de Norfolk
la plus importante, c'est qu'il faut que le
trèfle soit semé en terre très-nette, et en très-
bon état.

Il y a bien des domaines qui, quoique de
terres légères, ne comporteraient pas, par
leur situation, la culture des turneps en grand,
comme le suppose cet assolement, qui leur
consacre un quart des terres arables ; mais,
quoique la culture de cette plante se marie
très-bien à celle du trèfle, elle ne lui est
cependant pas absolument nécessaire. Le trèfle,
d'ailleurs, quoiqu'il s'accommode moins bien
des terres argileuses, peut cependant être
cultivé avec avantage sur une plus grande
variété de terrains, que les turneps. Il faut
donc alors, ou remplacer les turneps par

une récolte à sarcler et qui soit profitable ,
ou avoir recours à la jachère, s'il n'y a pas
d'autre moyen efficace de nettoyer et améliorer complettement le terrain ; car il ne
faut pas se lasser de rappeler le principe
fondamental, qu'on n'a de beau trèfle que
dans une terre nette, et qu'on n'a de beau
blé (dans un assolement où il succède au
trèfle) que quand le trèfle a été beau.

Examinons maintenant comment on peut
varier les assolemens des sols légers, sans
déroger aux principes que l'assolement de
Norfolk nous a donné occasion d'indiquer.
L'orge, en Angleterre, a un prix très-diffé-
rent, relativement au blé, de celui que cette
graine a en France, à cause de la bière qui
fait un objet important de la consommation
nationale. C'est une circonstance avantageuse
à l'agriculture Anglaise. Une très-belle récolte
d'orge valant à-peu-près autant qu'une belle
récolte de froment, les Anglais trouvent
dans cette graine une ressource de plus pour
varier les productions, (avantage toujours
précieux pour maintenir la fertilité des terrains) sans que les ressources de consomma-

tion nationale, et le produit des terres sup‑
posé reduit en argent, en soient diminués (1).
Mais, comme dans la très‑grande majorité
des départemens de la France, les brasseries
n'ont pas le même intérêt, comme la pro‑
duction des fromens est pour nous d'une
importance relative encore plus grande, et
que la maturité des turneps est sensiblement
plus prompte et plus hâtive en France, il
peut convenir mieux de faire succéder le
blé à ceux‑ci, pour revenir encore au blé
après le trèfle. L'assolement, dans ce cas,
serait donc :

1. Turneps fumés, puis consommés sur la place par les moutons.

2. Blé.

3. Trèfle.

4. Blé.

---

(1) Le climat de la France lui donne une ample
compensation, dans la possibilité de consacrer aux
vignes les terrains en pente, et les plus mauvais
sols ; mais je considère ici les terres arables seule‑
ment.

Dans tous les Départemens où l'on peut faire consommer les turneps en fructidor, c'est-à-dire, où la végétation est suffisamment rapide pour que le développement complet de cette racine ait eu lieu avant vendémiaire, je n'hésite pas à croire cet assolement plus productif, et tout considéré, plus convenable que celui de Norfolk.

Je suppose toujours les mêmes soins préparatoires du terrain, pour les turneps ; la même quantité d'engrais pour assurer leur réussite ; les mêmes binages pour nettoyer à fond le terrain ; et la consommation des racines par les moutons parquant sur le champ même. Cette opération est, je crois, essentielle au succès du blé. (1)

---

(1) J'ai essayé de faire succéder le froment à des turneps cultivés en terre légère, avec tous les soins possibles, mais dont la récolte avait été charriée : le blé a été médiocre quoique net. Il avait un peu d'infériorité sur celui de la même pièce qui avait été fumé après la culture en jachère, et aussi sur celui du même champ qui avait été fumé après une récolte de lentilles et après des haricots. Si l'on pouvait

C'est tout-à-la-fois une manière de bien vendre ses turneps, de s'assurer de beau blé, et d'engraisser la terre pour les quatre ans que dure l'assolement.

Les turneps forcent l'engrais des moutons; et ceux-ci augmentent très-promptement de valeur pour la boucherie, au moyen de cette nourriture. Cette manière de consommer est très-commode. Elle évite, comme je l'ai fait remarquer, les charriages de la récolte et des engrais. Elle fait profiter le terrain de l'urine des bêtes à laine, fort augmentée par l'usage de ces racines. Elle améliore vigou-

conclure quelque chose d'une seule expérience, cela porterait à croire que les turneps épuisent toujours un peu la terre, ce qui serait contraire à la supposition que l'on a souvent faite, savoir que ce genre de plante tirant sa subsistance principalement de l'atmosphère, enrichit plutôt le terrain. Je veux dire que de deux portions du même champ dont l'une aurait été en jachère fumée, et l'autre en turneps fumés, la première donnerait, je crois, du plus beau blé; ce qui ne prouve rien contre l'excellence de la culture des turneps.

reusement la terre, de manière qu'il n'y a
aucune langueur dans la végétation du trèfle
qui doit succéder au blé : chose d'une grande
importance, puisque de la réussite de ce
trèfle doit dépendre le succès du blé qui le
suivra.

Le moment de la consommation des turneps doit être plutôt calculé sur la convenance de semer le blé en bon temps, que
sur celle de laisser acquérir aux racines toute
leur grosseur ; car il n'y a aucune parité d'importance entre ces deux choses. Il faut donc
se régler sur le climat, et prendre plutôt un
peu d'avance, pour parer à la possibilité des
longues pluies, qui, même dans les terres
légères, sont embarrassantes pour faire consommer les turneps sur la place.

Au mois de ventôse, on sème le trèfle
par-dessus le blé. Il convient de herser ensuite avec une herse légère et garnie d'épines,
ou avec une claie, pour enterrer le trèfle.
Le blé se trouve également bien de cette
légère culture. Il n'est pas nécessaire de re-

marquer qu'il faut que cette opération se fasse
en temps sec.

Quoique (ainsi que je l'ai remarqué) le
succès du trèfle soit encore plus assuré lorsqu'il est semé avec l'orge , dans un terrain
fraichement remué , cependant il réussit
ordinairement , semé par - dessus le blé ,
lorsque le terrain est bien amendé. Son plus
grand ennemi, dans ce cas, c'est la sécheresse
du printemps ; mais, quand le blé est vigou-
reux, bien tallé, et que sa feuille est large,
la sécheresse est beaucoup moins à craindre
pour la jeune plante de trèfle.

Lorsqu'on est à portée des carrières de
plâtre, on a un moyen facile d'augmenter à
peu de frais, et d'une manière certaine, la
récolte du trèfle, c'est de le saupoudrer de
gypse calciné. Cette méthode qui n'est point
assez connue, est toujours accompagnée de
succès. J'ai sur ce point une longue expérience qui ne me laisse aucun doute. Le
gypse m'a toujours réussi sur les trèfles, les
luzernes, les sainfoins, et les vesces. Son
succès a toujours été plus marqué dans les

terres légères et sèches, et en particulier, quand la pluie a suivi de près l'opération du plâtrage.

On diffère sur la convenance de répandre le plâtre à la première année, après moisson, ou d'attendre au printemps de la seconde année, ou enfin de plâtrer deux fois. J'ai beaucoup observé les effets des trois métho·des; et j'ai vu que quand la pluie ne suit pas presque immédiatement le plâtrage d'été, son effet est à-peu-près nul. Si la pluie suc·cède, son effet est grand ; et je crois que la plante, rendue plus vigoureuse encore à à cette première année , donne plus abon·damment en herbe à l'année suivante , qui est celle des deux coupes , quelquefois même des trois récoltes. Comme il y a une chance d'inutilité à courir sur l'emploi du gypse après moisson, cet usage peut dépendre du prix auquel la matière revient, et des moyens que l'on a pour tirer parti du trèfle à cette première année. (1) La quantité de plâtre à

____

(1) En général, il profite peu à faucher la première année, lors même qu'il fait une pousse considérable répandre doit être celle que l'on répandrait en froment sur le même terrain, calculée à la mesure et non au poids. Mais, quant à l'emploi du gypse sur le trèfle au printemps, cette matière peut être payée fort cher, et être encore d'une application profitable. J'ai lieu de croire par mes observations, que la récolte du trèfle en est augmentée entre un tiers et une moitié; mais l'accroissement du fourrage, représenté en argent, n'est pas le

après moisson; parce que ce n'est que fort avant dans la saison que l'on peut le faucher, et qu'alors il ne peut plus sécher. On a écrit et répété, que le trèfle ne pouvait pas être pâturé sans inconvénient pour la plante, dans la première année. Comme en Angleterre, on le fait pâturer aux chevaux après moisson, et que les chevaux pincent beaucoup plus près du collet que les bêtes à cornes, j'ai essayé, en l'an 7, de faire pâturer mes vaches à lait, après moisson, dans des champs de trèfle, en terre légère, fort beaux, en prenant les précautions que tous les bons bergers connaissent, pour empêcher le gonflement. Mes vaches ont été, pendant les trois mois qu'a duré ce pâturage, très-abondantes en lait. Les trèfles n'en ont point souffert, et j'ai même lieu de croire qu'ils y ont gagné : jamais je ne les eus plus beaux qu'en l'an 8.

plus grand profit du plâtrage : c'est sur la récolte du blé qui succède à un beau trèfle que ce profit se fait sur-tout sentir.

Les Anglais ne connaissant presque point encore l'usage du gypse, ne peuvent pas tirer du trèfle tout le parti dont il est susceptible. Aussi, sont-ils obligés de fumer leurs trèfles, pour mieux s'assurer de beau blé après. Le fumier serait tout-à-fait inutile avec l'usage du gypse, dans le cours que je propose : il nuirait même peut-être à la production du

---

qu'ils furent gypsés au printemps, selon mon usage. — En l'an 8 , j'ai mis mes moutons dans les jeunes trèfles, en prenant les précautions connues contre le gonflement. L'épreuve était plus forte pour la plante, et mes domestiques ne doutaient pas que les trèfles n'en souffrissent beaucoup : cependant au moment où j'écris ceci, ils sont parfaitement bien garnis, et il ne paraît pas que la dent des moutons ait fait aucun tort quelconque à la plante. Comme cette manière de tirer parti de la première année du trèfle est de toutes la plus lucrative, c'est à mes yeux une très-bonne raison pour ne pas gypser après moisson, parce que le gypse répandu sur les feuilles, pourrait être malsain au bétail.

grain, en rendant la paille trop abondante; et je puis dire que j'ai l'expérience constante que les récoltes de blé qui succèdent au beau trèfle gypsé, sont au moins égales, en produit de grain, aux récoltes qui suivent la jachère fumée.

Les agronomes Anglais jugeraient que le retour du blé de deux en deux ans est tout-à-fait contraire aux bons principes, et qu'un tel assolement ne pourrait se soutenir long-temps, sans décliner dans ses produits. Il est possible que cela arrivât au bout d'un certain nombre d'années; cependant nous voyons des provinces entières, dans lesquelles, de temps immémorial, on sème du blé de deux en deux ans, sans qu'on apperçoive de déclin sensible dans les récoltes. Il est vrai qu'une jachère complette, et des récoltes sarclées, séparent alternativement les récoltes de froment; mais la jachère des turneps, lorsqu'il s'agit de terrains légers, n'est pas moins efficace pour bien nettoyer et amender la terre, que ne peut l'être la jachère complette; et le trèfle bien réussi est une préparation qui vaut mieux pour le blé que toutes les récoltes sarclées. D'ailleurs, si le produit du blé baissait sensiblement au bout d'un certain temps, on pourrait revenir à l'assolement de Norfolk. Mais un cours de récoltes qui se soutiendrait probablement sans diminution de produits pendant la durée d'une génération, est un cours contre lequel l'objection de la lassitude n'est assurément pas forte. Il faut seulement se souvenir que le moindre relâchement dans les soins de la culture que j'ai recommandés, dénaturerait l'assolement, et le rendrait bientôt impossible à soutenir.

Il faut prévoir le cas où les turneps manquent : ce cas n'est pas très-rare. Leur levée est casuelle, et les pucerons les détruisent assez souvent. Le meilleur parti à prendre, à mon avis, dans ce cas, c'est de semer des vesces de printemps, mêlées d'avoine, (1) pour les

______

(1) Il vaut mieux les mêler d'avoine que de les semer pures, parce que l'avoine les soutient, et augmente le fourrage. Dans les pays où il y a fréquemment des vents violens, les vesces semées pures sont sujettes à verser si complettement, que les tiges jaunissent et se pourrissent par-dessous.

faire consommer sur la place par les moutons. Si on les laissait gréner, il en résulterait un premier degré d'épuisement pour la terre, qui empêcherait la pleine réussite du froment; et il importe que le premier mouvement de cette rotation de quatre ans soit imprimé avec force, pour que rien ne languisse.

Comme sur les quatre ans, on ne fume qu'une fois, on ne saurait, dans cette première année, donner à la terre trop de soins et d'engrais. Si l'on est obligé d'avoir recours aux vesces, la terre n'aura pas les sarclages qu'elle aurait eus avec les turneps; cependant, comme elle aura été préparée par une jachère d'hiver, plusieurs labours et hersages de printemps, et que l'ombre épaisse des vesces s'oppose à la croissance des gramens, elle sera néanmoins très-nette pour le blé. Mais, comme les sarclages, en même temps qu'ils nettoyent, font eux-mêmes office d'engrais, dans la suppostion des vesces qui ne comportent pas ce binage additionnel, on n'en est que plus obligé, en bonne agriculture,

de

de faire consommer les vesces sur le champ
même par les moutons. (1)

On a, pour le cas où les turneps manquent,
une autre ressource qui n'est pas moins con-
forme aux bons principes de l'agriculture ,
c'est de semer du blé sarrasin , pour le labourer en pleine fleur.

———————————

(1) Je dirai un mot sur cette pratique, parce que
j'en ai l'expérience. Si l'on a des chiens bien dressés,
on peut faire manger la récolte successivement , en
commençant par un bout du champ, et sans dommage sensible. Dans la supposition contraire, il faut
des claies, pour ne pas perdre une grande partie de
la récolte. Cette nourriture, très-aqueuse, convient
peu aux troupeaux d'élèves ; mais elle favorise la
graisse dans les troupeaux pour le boucher. On doit
avoir l'attention de ne les laisser entrer dans les vesces,
qu'après qu'on a appaisé leur grosse faim ailleurs.
J'ajouterai que ce fourrage ne convient nullement aux
vaches à lait, qu'on pourrait également faire parquer
dessus. Ayant eu des vesces en surabondance, j'ai
essayé de donner de ce fourrage en pleine fleur, à
12 vaches à lait : toutes diminuèrent de lait de près
de moitié, et la plupart prirent la diarrhée. Il est
possible qu'en persistant, on les eut accoutumées à

Ce second engrais, assez abondant, parce que la plante sur un terrain préparé pour les turneps, a un grand luxe de végétation, tient lieu du parcage des moutons dans la consommation sur place, et fait probablement tout autant d'effet; mais cela revient alors à une jachère morte. Le fermier est sans récolte; et il est difficile de lui persuader que tout cela se retrouvera sur les trois ans qui vont suivre : il n'y a que les très-bons agriculteurs qui puissent le croire.

L'avoine ou le seigle sont également propres à donner une récolte supplémentaire,

---

cette nourriture, mais il faut se tenir pour averti qu'elles en achètent l'usage. J'observe d'ailleurs que lorsqu'on est obligé de remplacer les turneps par les vesces, on est déjà un peu avancé dans la saison ; et comme il s'agit d'une récolte qui doit faire place au blé, on ne peut pas les semer par bandes suc_cessives, à quelques jours de distance, pour faire durer plus long-temps leur consommation. Avant que les vaches y fussent accoutumées, le moment de consommer ce fourrage serait passé : il faudrait le faucher pour sécher, et alors on s'éloigne du principe.

pour faire pâturer en vert, quand les turneps manquent ; mais si ces plantes fournissent comme les vesces, et de plus que le blé noir, un fourrage à engraisser les moutons, elles n'ont pas, comme ces deux récoltes, l'avantage très-grand de tuer les gramens par leur ombre : or cette différence peut en faire une du tout au tout sur la réussite finale de l'assolement. On pourrait croire qu'en faisant consommer le sarrasin sur place, on obtiendrait avec cette plante les mêmes avantages qu'avec les vesces : j'ai éprouvé que les moutons ne touchent pas à la plante quand elle est en fleur ; ils la mangent assez bien avant qu'elle fleurisse ; mais c'est trop tôt alors pour que l'opération soit bonne.

Les pois, lors même qu'ils sont sarclés une fois (il est bien difficile qu'ils le soient deux) sont à mon avis une mauvaise préparation pour le blé. Je n'ai jamais eu de beau froment en terre légère, après des pois fumés et sarclés. J'ai éprouvé d'ailleurs que les pois qui n'ont pas des fèves pour tuteurs, tombent, traînent, se pourrissent par dessous, produisent peu en grain ; et tout en s'opposant à ce qu'on puisse donner une seconde culture au hoyau, n'empêchent point (comme les vesces) que l'herbe ne croisse, parce que l'ombre est moins épaisse, et moins également distribuée sur tout le champ. Lorsqu'on y mêle les fèves, la récolte de celles-ci donne peu, parce que les terres légères ne leur conviennent pas; et le mélange des deux graines ne convient à la vente d'aucun des deux.

Le maïs, dans les climats qui le comportent, est une récolte d'un grand prix pour les terres légères, comme pour les terrains qui, sans être légers, ne sont pas trop froids et trop argileux. Comme il lui faut des engrais et deux binages, il prépare très-bien la terre pour le blé. J'ai vu en général le froment réussir après.

L'assolement de quatre ans

    1 Maïs fumé.

    2 Blé.

    3 Trèfle.

    4 Blé.

est très-bon en terre légère, mais moins bon

cependant que celui qui commence par les
turneps. Je puis en dire autant de celui-ci:

   1 Pommes de terre fumées.

   2 Blé.

   3 Trèfle.

   4 Blé.

La raison de cette différence est dans la
non-consommation du maïs et des pommes
de terre sur le champ même. Un autre motif
de la préférence à donner au turneps, c'est
que les pommes de terre et le maïs ne se consomment pas toujours dans le domaine qui
les a produits. Non-seulement le champ n'en
profite pas, mais l'accroissement de nourriture pour l'homme et les bestiaux, n'est pas
toujours au profit de la terre du cultivateur.
On peut en dire autant des carottes, si elles
sont destinées au marché d'une ville voisine,
au lieu d'être employées à nourrir les bestiaux
de la ferme. En général, l'agriculture véritablement bien entendue, et l'on peut dire
noblement traitée, est celle qui tend à faire
retourner à la terre une récolte sur deux,
par les engrais, outre toutes les pailles. Il

serait à desirer que les assolemens fussent toujours arrangés de manière à ce qu'une récolte consommée par les bestiaux de la ferme précédât et remplaçât une récolte de grains ; en sorte que dans les pays où il n'y a pas de vignobles, l'argent ne revînt entre les mains du fermier que par les grains et les bestiaux. Vendre les pommes de terre, les carottes, les fèves, le maïs, les pois, et en général les récoltes secondaires dont on pourrait engraisser des bestiaux sur la ferme, est une marche mesquine : la belle agriculture convertit en engrais et en viandes toutes les productions de terres arables, qui ne sont pas des grains blancs.

Distinguons néanmoins les positions, et ne perdons pas de vue que le problême à résoudre, c'est de déterminer les assolemens qui sont à la fois les plus profitables au cultivateur, à la terre et à la nation. Il y a des cas dans lesquels il y aurait de la pédanterie, de la duperie même, à se refuser à un profit évident pour se coller aux grands principes.

Dans le voisinage des villes, par exemple, le prix de certaines denrées est déterminant ;

et lorsqu'on peut tirer d'une récolte de carottes ou de pommes de terre, de quoi acheter
une quantité d'engrais beaucoup plus forte
que celle qu'on aurait obtenue par la consommation, on ne doit pas hésiter à les vendre; mais alors il serait à desirer que les
voitures qui charrient ces denrées à la ville,
n'en revinssent jamais que chargées de fumier.

Ducket le fameux cultivateur Anglais qu'on
nomme *le Prince des fermiers*, n'est point dans
l'usage de suivre des assolemens réguliers;
et il tire de ses terres (qui sont légères) des
produits vraisemblablement plus considérables
que personne, si l'on considère le profit net.
Mais il ne faut pas voir sa pratique partielle-
ment : il faut en saisir l'ensemble. Il sème tout
au semoir. Il a des houes à cheval qui cultivent
ses blés au printemps. Il a des charrues admi-
rables, dont les unes sont destinées aux cultures profondes, et les autres aux cultures
superficielles. Au moyen de ce que ses terres
sont nettoyées de mauvaises plantes, de ce
que ses labours sont profonds ou légers,
selon le but qu'il se propose, il réussit quelquefois à avoir trois belles récoltes de blé de
suite. Il place, en outre, toujours une récolte

verte *dérobée* entre deux récoltes de froment. Pour donner plus de temps à la croissance de cette récolte dérobée, il emploie de préférence du blé de Sibérie, qui peut se semer tard et se recueillit de bonne heure; d'ailleurs lorsqu'il met des turneps après le blé, il les sème communément sur le blé déjà en épis, en choisissant un temps pluvieux. Comme ses terres sont toujours bien fumées, comme la houe à cheval les entretient meubles jusqu'à l'approche de la maturité du froment, les turneps lèvent et prospèrent à l'ombre du blé, et font après moisson de rapides progrès sur le chaume, de manière à être consommés sur la place, à demi grosseur, pour faire succéder du blé encore. Quelquefois c'est du seigle ou des vesces qui sont la récolte dérobée; et on les fait pâturer de même, sur la place, pour resemer du blé immédiatement.

Les fermiers avides de répéter les récoltes de froment, trouveront cette recette séduisante; mais ils ne doivent pas oublier que pour réussir dans une agriculture si productive, il faut les moyens de Ducket, c'est-à-dire 1°. mettre à contribution tantôt la couche supérieure, tantôt la couche inférieure, pour le même genre de récoltes. 2°. Bien fumer, et souvent. 3°. Semer au semoir à grands intervalles, pour faire passer la houe à cheval, au printemps. Tout cela n'est à la portée que d'un très-petit nombre d'individus ; et il faut que l'agriculture soit tout autrement perfectionnée qu'elle ne l'est aujourd'hui en France, pour oser tenter l'exécution d'un tel systême.

J'ai pratiqué avec succès sur des terres légères, une culture qui est plus aisément applicable, et qui tient le terrain très-net et en bon état, en fournissant beaucoup de substance.

Dans un champ de six arpens de terres légères, où j'avais recueilli en l'an 6 du blé non fumé, je semai au printemps suivant des productions fumées, qui eurent deux sarclages : c'étaient des haricots, des pommes de terre et des pois. A cette récolte succéda du blé en l'an 7. Immédiatement après le blé, je semai des vesces mêlées d'avoine dans un tiers du champ, des turneps et des raves du pays dans le second tiers, et du blé sarrasin dans le reste du champ. Les turneps et les raves furent sarclées une fois, et donnèrent une assez belle récolte, sans cependant parvenir à toute leur grosseur. L'avoine fut coupée au milieu de fructidor, séchée en partie pour fourrage, et en partie consommée en vert. Le sarrasin mûrit fort bien.

L'an 8, dès le commencement de germinal, je fis parquer les moutons sur ce champ. A mesure que j'avais une bande parquée, je la faisais renverser à la charrue, et semer en vesces mêlées d'avoine ; puis au bout de six semaines ou 2 mois, consommer sur la place par les moutons.

L'an 9 j'ai semé du blé en vendémiaire, puis du trèfle par dessus en ventôse. Je compte semer du blé encore après le trèfle ; et à moins de saisons décidément contraires, je puis espérer que les trois récoltes que je vais faire seront belles. Je reprends le tableau de cet assolement de six ans.

1 Productions fumées, et sarclées deux fois.

2 Blé, puis sarrasin, vesces ou turneps.

3 Vesces consommées sur place après le parcage.

4 Blé.

5 Trèfle.

6 Blé, puis sarrasin, vesces cu turneps.

Cet assolement pour les terres ou les climats qui le comportent, me paraît réunir à un haut degré les convenances qui tiennent aux bons principes, et le profit. Il donne huit récoltes dans six ans, dont trois de froment. Il maintient la terre parfaitement nette et bien fumée; et cependant sur ces 6 ans on ne voiture du fumier qu'une fois, et l'on ne donne de forts sarclages qu'une année. Le trèfle, qui ne revient qu'une fois dans les 6 ans, est semé dans les circonstances les plus favorables, savoir, après une jachère fumée d'abord complettement par le parc, puis à demi, par la consommation des vesces; après une jachère dans laquelle on ne s'en fie pas seulement aux labours pour tuer les mauvaises plantes, mais où on a étouffé les chiendents sous l'ombre impénétrable de la vesce, telle que celle-ci croît après le parc, c'est-à-dire très-abondante.

Ceux qui pensent aussi qu'il y a de l'avantage à empêcher l'évaporation du sol, pendant l'année de jachère, doivent trouver encore ce bon côté à l'assolement que je propose, puisque l'ombre épaisse des vesces qui couvrent la terre pendant les mois les plus chauds, empêche très-efficacement cette évaporation, et fait que la terre se prépare admirablement pour la semaille du blé.

Sans faire parquer les moutons, l'on pourrait imiter cet assolement, en fumant les vesces pour fourrage à sécher dans l'année de jachère ; mais il en coûterait plus pour faire moins bien. Le parcage est plus économique et plus efficace ; la consommation sur place de la récolte en vert est très-importante ; et tous ceux qui sont en position de se donner l'avantage d'un troupeau de moutons, comme machine à fumer, ont tort de ne le pas faire.

Il y a encore, dans le plâtrage, un moyen presque sûr de favoriser puissamment la végétation des vesces. Lorsqu'on est à portée des carrières de gypse, ce moyen ne doit pas être négligé, si l'on a pour objet de couper les vesces en fourrage à sécher. Pour les faire consommer en vert, sur la place, il pourrait y avoir de l'inconvénient à la présence du gypse sur les feuilles. Je n'en ai pas l'expérience.

Les turneps de Suède qui ne craignent point les gelées, peuvent être substitués avec avantage, aux turneps pour semer après le blé, dans la 2ᵉ. et la 6ᵉ. année. (1)

Il y a pour les limons fertiles d'une partie de l'Italie, des assolemens qui seraient, je crois, praticables dans diverses contrées des parties méridionales de la France, désignées par Rozier, dans son article *agriculture*, sous le nom de pays d'orangers et d'oliviers. Ces assolemens sont de cinq récoltes en 3 ans, ou de sept récoltes en 4 ans, savoir :

---

(1) Voyez la Bibliothèque Britannique dans plusieurs endroits, concernant les Rutabaga ou turneps de Suède.

1 Blé , puis lupins enterrés à la charrue pour engrais.

2 Blé , puis raves , lin pour fourrage , ou lupinelle , ou trèfle annuel.

3 Maïs , millet , ou sorgho.

Ou bien :

1 Blé , puis haricots et maïs.

2 Blé , puis lupins enterrés pour engrais.

3 Blé , puis raves, ou lupinelle , ou lin pour fourrage.

4 Maïs , millet ou sorgho. (1)

Les lupins employés comme engrais, dans ces assolemens , sont une production d'un

---

(1) V. les développemens de cette agriculture dans l'ouvrage intitulé *Tableau de l'agriculture Toscane par J. C. S. Simonde de Genève* ; (cet ouvrage se trouve chez J. J. Paschoud, libr. à Genève.) Si l'on se récriait sur la différence des climats et l'impossibilité de faire , même dans nos départemens méridionaux , 7 récoltes en 4 ans, je ferais observer que, sous le climat de l'Angleterre, Ducket suit précisément la même agriculture. Il y a , dans le perfectionnement possible des procédés agricoles , des ressources que nous sommes loin d'avoir épuisées, et dont probablement nous ne connaissons pas toute l'étendue.

grand mérite ; car il paraît que les vesces ,
les fèves ou le blé sarrasin, qu'on enterre aussi
quelquefois pour faire office d'engrais, n'ont
pas l'efficace des lupins pour rendre la terre
féconde. C'est du moins l'opinion des cultivateurs Toscans ; et on sait combien les an-
ciens attribuaient à cette production la vertu
fertilisante.

Il y a une espèce d'assolemens singulièrement recommandable pour les terrains légers,
parce qu'ils en bannissent la jachère, parce
qu'ils rendent ces terrains plus capables de
produire de belles récoltes de grains, parce
qu'ils n'emploient aucun fumier, et créent
au contraire des engrais pour les autres pièces
du domaine. Ces assolemens ont pour base
la luzerne ou le sainfoin.

Ces deux plantes de pré sont une source
abondante de richesse pour ceux qui ont des
terres propres, et savent les y employer convenablement. La luzerne demande, comme
on sait, une terre douce, substantielle, profonde, séche, et plutôt légère qu'argileuse.
C'est dans ce genre de terrain qu'elle réussit

ie mieux possible, quand le climat est assez chaud pour lui permettre de donner quatre et même cinq récoltes dans l'année. Dans de telles circonstances, lorsqu'on peut faire les frais nécessaires pour défoncer le terrain, et le bien amender; lorsque la luzernière est à portée de la maison, pour pouvoir faire consommer les récoltes en vert dans l'étable, lorsqu'on a des carrières de plâtre dans son voisinage pour gypser la pièce tous les ans, l'on a, je pense, dans une luzernière, la pièce la plus productive qu'il soit possible d'avoir, à frais égaux. (1)

Mais quand on traite des assolemens, il ne faut pas s'arrêter à considérer certains avantages résultans de circonstances rares et heureuses; il faut voir ce qui peut se pratiquer dans la généralité d'une culture, et ne conseiller que ce qui est aisément applicable.

____

(1) Les bonnes vignes, les houblonnières, les jardins rendent davantage, mais coûtent infiniment plus de travaux.

La

La luzerne , dont les produits sont im-
menses dans les circonstances dont je viens
de parler, donne encore des résultats très-
avantageux quand les circonstances sont
moins favorables. Quant au genre de sol
qui lui convient, je puis dire que je l'ai
cultivée , avec assez de succès , dans un
terrain très - léger et dans une terre argileuse. J'observerai seulement , que dans les
années où j'ai fait quatre coupes en terre
légère, je n'en ai fait que trois en terre argileuse ; et que quand la terre graveleuse n'a
donné que trois coupes, la terre froide n'en
a produit que deux. Il n'y a que les glaises
trop froides, les graviers stériles et les terres
humides qui n'admettent point du tout la
luzerne. Mais pour les terres qui n'y sont
que médiocrement propres, il vaut mieux
choisir une autre culture, parce que toute
culture qui n'est pas vigoureuse , est mauvaise ; et qu'une luzerne qui ne donne que
moitié ou un tiers de ce que peut donner
la luzerne , n'est pas si profitable que le
serait une autre plante fourrageuse vivace.

Dans les terres légères trop stériles pour

la luzerne ; le sainfoin (esparcette) offre aux cultivateurs une ressource du plus grand prix. La seule objection solide que je connaisse contre le sainfoin, c'est la cherté de la graine, dont, pour bien faire, il faut semer en volume, trois fois la quantité que demanderait le même espace de terrain pour être semé en blé , et dont la levée est très-casuelle. Il est rare que le sainfoin donne jusqu'à trois récoltes dans l'année ; la seconde coupe , n'est même , en général, qu'environ moitié de la première ; mais cette première, dans un sainfoin bien réussi , est tout aussi abondante qu'une belle coupe de luzerne , et a au moins autant de valeur ; et comme cette grande abondance du plus excellent fourrage, peut se produire sur les plus mauvaises terres , quels que soient leur genre et leur exposition , pourvu qu'elles ne soient pas humides dessous, il en résulte que le sainfoin est déjà une plante du plus grand prix , à la considérer seulement sous le rapport du produit possible dans les mauvais terrains. Mais le point de vue sous lequel je veux surtout la faire considérer ici , est encore plus intéressant ; car l'influence de cette production s'étend sur les

récoltes suivantes, et les terrains stériles se
trouvent changés par elles en terres fécondes,
pour une certaine suite d'années.

Nous avons vu que la culture bien entendue du trèfle convertit en terrains à froment,
les terres naturellement trop légères et trop
peu substantielles pour produire ceux-ci. Les
luzernes préparent aussi de belles récoltes de
froment; mais l'on peut dire, qu'en général,
l'effet des sainfoins est encore plus marqué,
parce qu'il a ordinairement lieu sur des terrains naturellement plus stériles. On peut
regarder l'établissement des prairies en luzerne
et en sainfoin comme un prêt, dont la terre
paye d'abord un gros intérêt en fourrage, et
rend ensuite plusieurs fois le capital en grains.

Ce simple énoncé suffit à montrer de quelle
importance est l'introduction de la culture de
ces plantes fourrageuses dans les pays où cette
culture est encore inconnue. Mais, pour en
tirer tout le parti dont elles sont susceptibles,
il faut savoir user avec une certaine modé-
ration de la faculté de produire qu'elles laissent à la terre, après que l'on a rompu le

terrain où elles ont végété. Si l'on répète les récoltes de grains coup sur coup, après avoir rompu une luzernière ou un sainfoin, on appauvrit et on souille de mauvaises herbes dès la seconde année, la terre que ces plantes fourrageuses avaient améliorée ; tandis qu'une marche plus méthodique, et une agriculture moins avide, auraient prolongé les bons effets de ces plantes, quant à la fécondité de la terre, jusqu'au moment où l'on aurait pu revenir à leur culture.

Je pense qu'il faut avoir pour principe de ne jamais faire deux récoltes successives de grains blancs après la luzerne ou le sainfoin : non pas que la seconde de ces deux récoltes, ne pût, même dans les terres naturellement ingrates, être encore assez belle, mais parce que les mauvaises herbes vivaces commenceraient, à cette seconde récolte, à prendre possession du terrain. Il convient donc de faire succéder à la première récolte de blé, une récolte sarclée, ou des plantes légumineuses à ombre épaisse. On peut alors intercaller entre deux périodes de sainfoin, ou de luzerne, une des rotations de récoltes dont j'ai parlé jusqu'ici pour les terres légères. Chacune de ces périodes de sainfoin ou luzerne doit être plus ou moins longue, selon le terrain, le climat, les premiers soins d'établissement etc. Mais j'observerai que, quand les récoltes faiblissent, il vaut mieux rompre, que de chercher à raviver le pré artificiel par des fumiers ou du plâtre. Ce n'est pas qu'on ne puisse parvenir, par ces deux moyens, à prolonger sa durée; mais je ne pense pas que ce soit la meilleure agriculture : elle ne tend pas à tirer de la terre tout ce qu'elle aurait rendu dans un bon assolement qui aurait succédé à la plante fourrageuse.

Je suppose donc une durée moyenne de huit ans pour le pré artificiel. Je propose d'y semer ensuite du blé sur un seul labour, et sans fumier. Je ne crois pas que l'engrais puisse être plus mal employé que sur un pré artificiel de huit ans que l'on rompt pour le mettre en cours réglé d'assolement. Le blé doit même être semé clair, pour ne pas verser, lors même que la terre est naturellement trop légère pour être un véritable terrain à blé.

Immédiatement après la récolte du froment, on peut semer des raves ou des turneps, qui donneront une demi-récolte. L'année suivante on peut planter des pommes de terre, ou semer des vesces pour couper en fourrage, puis remettre du blé, sur lequel, au printemps, on semera du trèfle, si la terre est parfaitement purgée d'herbe, et que le blé ou les pommes de terre aient été fumées, pour revenir encore au blé après le trèfle, et rentrer dans une période de plantes fourrageuses vivaces. Voici donc l'assolement de 13 ans qu'il en résulterait.

8 ans. Luzerne ou sainfoin,

9 — blé, et turneps après.

10 — pommes de terre fumées et sarclées, ou vesces pour fourrage.

11 — Blé fumé, si c'est après les vesces.

12 — Trèfle.

13 — Blé.

Les prés-gazons que l'on peut former avec le fromental, les festuques, les bromes, les paturins ou d'autres graminées vivaces, sont

également susceptibles d'entrer dans des assolemens à long terme ; mais ils appartiennent
plutôt aux terres argileuses , et c'est en traitant
des assolemens qui conviennent à celles-ci ,
que je les considérerai.

Les prés de raygrass peuvent entrer dans
les assolemens des terres légères. L'assolement
de Norfolk se modifie quelquefois par trois
ou quatre années de raygrass qui succèdent
à l'orge, pour ramener le blé, les turneps,
etc. Dans le systême Anglais , qui consiste
à faire pâturer les bestiaux sur les prés au
moins de deux années l'une, le raygrass à
un prix plus grand qu'il ne pourrait avoir en
France, à végétation égale. Je ne pense pas
qu'on puisse rien conclure de défavorable au
raygrass, des expériences partielles que l'on
a faites en France sur cette plante : on a
voulu la soumettre annuellement à la faux,
comme les autres graminées de nos prairies;
on a trouvé qu'elle ne donnait point autant
de fourrage que celles que l'on distingue pour
leurs qualités, et l'on a conclu que la culture du raygrass ne convenait pas à la France.
Il est possible que cette plante demande une

atmosphère humide comme celle de l'Angleterre, pour végéter dans toute sa force, et
que la douceur des hivers de cette Isle soit la
principale cause de l'avantage le plus prisé
par les cultivateurs Anglais, celui d'une végétation très-hâtive au printemps. Peut-être
que dans les parties de la France où les
hivers sont doux, les étés seraient trop secs
pour cette plante : j'ai l'expérience que là
où les hivers sont longs et rigoureux, elle
ne laisse pas d'être très-précoce au printemps.

Je pense donc que sa culture serait applicable à une grande partie de la France ; mais
je dois observer que pour en tirer véritablement parti, il faudrait suivre le système de
pâturage qui est familier aux Anglais, c'est-
à-dire engraisser des bœufs ou des moutons
sur le pacage du raygrass au printemps, ou
employer les prés de cette plante à recevoir
les brebis nourrices, dans les mois de ventôse et de germinal.

On a très-généralement, en France, un
préjugé défavorable au système du parcours
des moutons dans les prés. On imagine que

ces animaux arrachent les plantes en pâtu-
rant, ou les font périr en les pinçant trop
près du collet. La pratique constante des
meilleurs agriculteurs de l'Angleterre, les
recommandations des meilleurs écrivains, et
en particulier d'Arthur Young et de Marshall,
doivent dissiper tous les doutes à ce sujet,
puisqu'ils écrivent et pratiquent dans un pays
où la culture des plantes fourrageuses est portée plus loin que dans aucun autre.

On pourrait dire avec plus de vérité que
les prés, généralement parlant, ne conviennent pas aux moutons. Non-seulement les
prés humides leur sont mortels, mais les
herbes trop substantielles sont nuisibles, à la
longue, aux troupeaux d'élèves. On pare à
ces inconvéniens, en ne destinant les prés
qu'on abandonne aux bêtes à laine, qu'aux
troupeaux qu'on veut engraisser, ou en n'y
faisant paître les brebis que dans le temps
où elles nourrissent leurs agneaux, et où il
n'est pas dangereux qu'elles prennent la
graisse. Mais à ne considérer que les prés,
il paraît que le parcours des moutons leur est
avantageux dans toutes les circonstances. Il

l'est par l'urine et la fiente qu'ils y déposent ; il l'est parce que le pincement répété des feuilles des graminées, par la dent du mouton, à mesure qu'elles croissent, empêche les tiges de s'élever, et favorise singulièrement le tallement des plantes. Ce dernier fait est si bien reconnu dans la pratique Anglaise, que la méthode approuvée par les meilleurs cultivateurs dans l'établissement des prés-gazons, consiste essentiellement à les faire pâturer par les moutons, au printemps qui suit l'année où ils ont été ensemencés, afin, observe-t-on, que les plantes prennent la disposition à s'épater et à s'étendre, ce qu'elles sont forcées de faire, parce qu'elles ne peuvent pas s'élever. Il en résulte que le pré se garnit plus promptement, que l'herbe couvre mieux la terre, et que la même étendue de terrain donne beaucoup plus de substance.

Le pâturage au printemps est donc une dépendance nécessaire de la culture des prés en raygrass : ceux-ci ne doivent être fauchés que lorsqu'il s'agit de recueillir la graine ; ou tout au plus peut-on réduire en foin la seconde coupe, qui n'est jamais aussi abondante qu'une coupe de fromental. Avec le pâturage des bestiaux, et surtout des bêtes à laine, le ray-grass est d'une culture très-profitable, dans les terres légères. Il réussit aussi dans les terres argileuses; mais, comme on a pour celles-ci (ainsi que nous le verrons bientôt) une grande variété de graminées à choisir, le ray-grass est plus précieux et plus particulièrement adapté aux terrains légers.

La difficulté de se procurer de la graine sûre est un obstacle à l'introduction de cette culture. Il y a diverses variétés de ray-grass : il y en a de peremue, de bisannuel et d'annuel. Les graines de ces variétés se ressemblent à s'y méprendre; et quelle que soit la variété, la graine ne lève pas, si elle est vieille.

La meilleure manière d'introduire le ray-grass dans nos assolemens de terres légères, me paraît être de le semer avec le trèfle, toujours en supposant que celui-ci entre dans un assolement correct, et est semé avec les précautions indiquées.

Dans la deuxième année à compter de la semaille, qui est celle du grand rapport du trèfle, le raygrass augmente le fourrage et le rend meilleur. A la troisième année, le trèfle périt en grande partie, et le raygrass talle et s'étend par le parcours des moutons, ou le pâturage des bêtes à cornes et des chevaux. A la quatrième année, le raygrass a pris possession du terrain; et on peut le laisser subsister jusqu'à ce qu'on le voie faiblir, ou aussi long-temps que les convenances du domaine l'exigent, pour revenir ensuite au froment. La récolte de celui-ci sera toujours belle, sans fumure : le terrain qui aura été quatre ans au moins en pré-gazon, pâturé annuellement, pourrait même donner deux belles récoltes consécutives de froment. Mais ce serait toujours pécher contre les principes les plus sains que de faire donner des grains blancs deux années de suite à une terre en en bon état.

Si la période des plantes fourrageuses vivaces a donné à la terre une grande fécondité pour les grains, il faut ménager, avec un extrême soin, cette disposition à produire.

On doit se rappeler toujours qu'il ne faut pas seulement que la terre abonde en sucs végétatifs, mais encore qu'elle soit nette, pour produire constamment de belles récoltes; et qu'une fois affaiblie de sucs, et chargée de mauvaises herbes, elle demande de grandes dépenses en labours et en engrais, pour être ensuite remise en bon état. L'agriculteur sage rentrera donc, après la période du ray-grass, dans un des assolemens corrects que j'ai détaillés ci-dessus.

CHAPITRE V.

DES ASSOLEMENS DE TERRES ARGILEUSES.

JUSQU'ICI j'ai parlé de cours des récoltes qui conviennent aux terres graveleuses, sabloneuses, franches, d'un grain friable, et en général aux terres saines, sèches, et d'un labour facile. Je passe maintenant aux terrains argileux, froids, pesans, qui retiennent les eaux, ne se labourent qu'avec plus de difficulté, et demandent, par conséquent, des attelages plus forts.

Il faut reconnaître que l'art est jusqu'ici bien moins perfectionné, pour tirer un grand parti de ce genre de terrains, qu'il ne l'est pour faire rendre aux terres légères tout ce qu'elles sont susceptibles de donner. Il est douteux qu'il existe, pour les terrains argileux, d'aussi grandes ressources dans la variété des productions, que celles que l'on a découvertes et appliquées aux terres légères. La nature de ces terrains ne permet qu'avec plus de difficulté les cultures données aux récoltes pendant leur végétation, cultures qui sont d'un si grand avantage, soit à la récolte, soit à la terre. Les sols argileux ne comportent pas un aussi grand nombre de productions diverses que les sols légers. Le turnep, ce pivot de la belle agriculture de Norfolk, n'y réussit que médiocrement, et cette racine ne peut pas être consommée sur place (1). Le trèfle n'y a de succès qu'avec des précautions particulières ; et, lorsqu'il réussit, c'est rarement d'une manière aussi complette que dans les terrains légers. Enfin les terres argileuses ne permettent ni les récoltes dérobées, ni le parc des moutons.

Malgré tous ces désavantages, il existe des ressources tirées de la variété des productions,

---

(1) La marne calcaire produit sur les terres argileuses un amendement qui rend la culture des turneps plus profitable, dans ces terrains, mais jamais à beaucoup près autant que dans les terres légères.

pour augmenter considérablement, pour dou-
bler peut-être, le produit des terres argileuses,
par comparaison avec la méthode des jachères; et cette partie de l'art est d'autant plus
importante à étudier, que l'on a fait infiniment moins de recherches et d'expériences
sur les assolemens des terres pesantes que
sur ceux des terres légères. La seule difficulté
plus grande des travaux aratoires expliquerait
cette différence : elle tient aussi à ce qu'il y
a beaucoup plus long-temps que l'on a essayé
pour la première fois de reformer les jachères
dans les terrains légers.

Il faut encore, sur le chapitre des assolemens de terres argileuses, avoir recours à
l'expérience des Anglais. Ils sentent ce qu'il
leur reste à acquérir, et travaillent à rem-
plir le vide qui existe dans cette partie de
l'art; mais les leçons que nous trouvons à
prendre dans leur pratique, peuvent néanmoins nous être d'une très-grande utilité,
et nous faciliter des pas nouveaux dans cette
carrière intéressante.

Parmi les productions que l'expérience a
fait

fait reconnaître propres à être intercallées entre les récoltes de grains blancs, telles que le froment et l'avoine, dans la culture des terres argileuses, les unes comportent et demandent des sarclages pendant leur végétation, les autres couvrent plus ou moins complettement la terre de leur ombre, et subsistent sans cultures, jusqu'au moment où la charrue prépare de nouveau le terrain à recevoir des grains blancs.

Les premières de ces productions sont les fèves ou fèverolles, les pommes de terre, les choux et le colza : les secondes sont les vesces d'hiver ou d'été, la chicorée, le trèfle, la luzerne (1), les prés-gazons, etc. Je vais

---

(1) Je m'abstiens de parler de la pimprenelle, parce que nous manquons d'un nombre suffisant de faits constatés sur cette plante. On a cependant des exemples très-satisfaisans de sa réussite, soit dans les terres légères, soit dans les terres argileuses. On verra dans le N°. 12 des expériences de Kent, que je citerai ci-après, que la pimprenelle a donné cinq années de suite abondamment, et n'a faibli qu'à la sixième année, dans une terre argileuse. Elle a, pour les moutons, un avantage que n'a aucune autre plante, au même degré, c'est d'être verte pendant tout l'hiver.

H

dire quelques mots de celles de ces productions dont je n'ai pas encore parlé, avant
de les considérer comme faisant partie d'un
assolement de terres argileuses.

Je nomme les fèves, ou féverolles, avant
toute autre plante d'assolemens pour terres
argileuses, parce que c'est celle de toutes
qui a le plus d'importance. Il est aujourd'hui
bien prouvé par l'expérience d'Arthur Young,
de Marshall, du Duc de Grafton, de Mr.
Arbuthnot (1) et de beaucoup d'autres cultivateurs pratiques, en Angleterre, que la feverolle, lorsqu'elle est houée ou sarclée,
prépare dans les terres argileuses, une belle
récolte de blé, avec autant de certitude qu'un
beau trèfle dans une terre légère. Elle paye
en outre très-abondamment, par sa propre
récolte, les frais qu'elle exige; et cette production est d'un usage précieux, soit pour
remplacer l'avoine, soit pour entrer comme
addition au froment dans le pain des ouvriers
de campagne, soit pour engraisser les bestiaux ou hiverner les moutons.

____

(1) Voyez ces expériences ci-après.

Il y a une variété de feverolles qui se sème en automne, et une autre qui ne se sème qu'au printemps. Le port de la plante, la forme et la grosseur des siliques et du fruit, sont extrêmement semblables dans les deux variétés : on observe seulement que la plante hivernée est ordinairement d'un vert plus foncé, et d'une végétation plus forte : elle rend un peu plus, à soins égaux ; mais il arrive quelquefois, dans les hivers très-rudes, qu'il périt une grande partie des plantes. On diminue ce danger, en semant très-tard en automne, car, moins la plante est avancée, et moins elle risque des gelées. Quant aux feverolles de printemps, il faut les semer le plus tôt possible, c'est-à-dire, dans le courant de Ventôse, au plus tard.

Comme il est souvent difficile d'entrer dans les terres argileuses au mois de Ventôse, c'est une raison pour préférer de semer en automne, quand le temps est favorable ; parce que, si les fêves de printemps sont semées trop tard, il est rare qu'elles réussissent aussi bien. En Angleterre, où l'hiver est ordinaiment doux, et les gelées peu durables, on sème presque toujours les fêves au mois de Février. L'usage de les planter à la main y est extrêmement perfectionné dans certaines provinces, et en particulier dans la vallée de Glocester (1). C'est là qu'il faut étudier les détails et les avantages de cette culture, pour les terres argileuses : on y verra que ces terres argileuses portent des fêves de temps immémorial de deux en deux ans, ou de trois en trois ans, et sans cesser de donner de belles récoltes.

Dans les provinces où l'on sème les fêves à la volée, ce qui est la méthode la plus usitée, on a reconnu par l'expérience, qu'il convenait de les semer fort épais (2). La pratique du semoir convient beaucoup à cette plante pour faciliter les cultures.

Dans tous les cas, les sarclages, au nombre

---

(1) Voyez l'ouvrage de Marshall, intitulé *Rural Economy of Glocestershire*, et la Bibl. Brit. Division *Agriculture*.

(2) L'ouvrage d'Arthur Young, intitulé *Six months tour* Letter XXX, et la Bibl. Britannique.

de deux, sont indispensables pour que les fèves fassent sur le terrain l'effet améliorant que l'on en attend lorsqu'on les sème en préparation du blé, comme aussi pour qu'elles donnent une récolte abondante. Avec le soin des bons sarclages et des engrais, les fèves et le blé peuvent se succéder dans les terres argileuses d'une manière indéfinie, comme on le voit dans la province de Kent, et comme le Duc de Grafton l'a mis hors de doute par une expérience suivie avec exactitude pendant huit ans. J'en rendrai compte ci-après. (1)

____

(1) On objecte à cette agriculture qui demande beaucoup de sarclages, que dans divers départemens, surtout dans les cantons où l'on cultive la vigne, les bras manquent pour ces cultures répétées, lorsqu'il s'agit de grands espaces de terrain. Je réponds que les femmes et les enfans peuvent faire la plus grande partie de ces travaux au hoyau, ce qu'ils ne pourraient pas faire dans les vignes. Je réponds que si l'on employait aux sarclages des récoltes intercallaires tous les bras que le système des jachères laisse oisifs ou faiblement occupés, il en résulterait bientôt

Nous manquons encore d'un nombre suffisant d'expériences concernant l'effet des pom,
mes de terre sur la récolte céréale qui leur succède ; et jusqu'à ce qu'on ait fait et enregistré
beaucoup d'épreuves comparatives, dans des
terrains très-différens, on ne pourra placer
cette racine dans les assolemens avec quelque
certitude de son influence. Voici l'état actuel
des connaissances, d'après les faits, ainsi
que les avantages et les inconvéniens de cette
plante.

La pomme de terre réussit généralement
bien dans les terres neuves, soit pesantes
soit légères, qui n'en ont jamais produit :
elle favorise donc les défrichemens. Elle convient dans les prés rompus, non pas tant
à cause de son produit, que je crois moindre, généralement parlant, que dans toute
autre terre fumée, que parce que les sarclages
qu'elle exige détruisent et consomment le

____

un accroissement des productions de la terre, qui
augmenterait la population, et ne laisserait plus lieu
à l'objection du défaut de bras.

gazon, et que l'ombre et l'humidité que donne la fane des plantes concourent au même résultat. Elle nettoye les terres, parce qu'elle force le laboureur à sarcler son champ, et à en remuer le sol à plusieurs reprises, pour butter les plantes. Comme elle paye bien les frais de la bêche, par l'accroissement de récolte qui résulte de l'emploi de cet instrument, elle est très-utile aux petits propriétaires dans les terres argileuses : circonstance d'un grand prix, car avant les pommes de terre, les journaliers, les petits fermiers, les petits propriétaires, qui vivaient dans un canton de terres argileuses, éprouvaient souvent une grande détresse, par la difficulté de la culture de ces terrains, et par la nécessité de la jachère. La pomme de terre augmente ses produits, en raison directe du travail qu'on lui donne : elle paye au pauvre ses journées, s'il multiplie les cultures ; et c'est un avantage que je ne connais à aucune plante, au même degré. Il y a bien d'autres productions qui payent largement le travail du riche propriétaire, s'il les cultive avec plus de soin qu'on n'en donne dans la pratique ordinaire ; mais une partie de cette rentrée des frais d'extra se trouve dans les récoltes suivantes , et dans le bon état de la terre : or ce gen'e de remboursement , le pauvre ne peut pas l'attendre , et la pomme de terre le paye dès l'année même , en surabondance de produits.

La récolte de la pomme de terre est soumise à peu de casualités , si on la compare à la généralité des récoltes. Elle ne craint ni les gelées ni la grêle : avantage que n'ont pas sans exception les autres racines cultivées en plain champ ; car les turneps, par exemple , craignent l'un et l'autre.

Cette racine donne abondamment ; la récolte peut s'en faire peu-à-peu , et dès le mois de thermidor, chose précieuse pour le pauvre. Elle est saine et nourrissante ; elle convient au bétail comme à l'homme ; elle est moins embarrassante à' resserrer que la plupart des autres racines ; et , dans les hivers ordinaires , elle n'exige pas de grandes précautions pour être préservée des gelées.

On peut ajouter à ces divers avantages ,

que la fane des pommes de terre offre aux vaches une nourriture dont elles s'accommodent, quand elles n'en ont pas de meilleure; et c'est encore pour le pauvre une ressource d'autant plus réelle, que les racines ne paraissent pas souffrir, lors même que l'on coupe l'herbe avant leur pleine maturité.

Voilà bien des avantages réunis en faveur de cette production. Si elle avait encore celui d'être constamment une bonne préparation pour le blé, elle aurait de la supériorité sur toutes les productions employées comme récoltes intercalaires. Mais on doit croire, d'après les faits que l'on a pu constater jusqu'ici que la pomme de terre épuise au lieu d'améliorer. Ce n'est pas que l'on ne voie quelquefois de belles récoltes de blé après elle; mais c'est lorsque de profonds labours, une fumure abondante, des sarclages répétés, et la culture qui résulte encore de l'éradication des racines, fait plus de bien à la récolte de froment qui succède, que l'influence épuisante de la pomme de terre ne lui fait de mal : c'est, je crois, une exception, dont la cause est dans les circonstances de la culture ; mais la production elle - même paraît plutôt nuisible au blé.

J'ai long-temps remarqué , dans ma pratique , que les blés , soit en terres argileuses , soit en terres légères , étaient médiocres après les pommes de terre ; j'ai vû long-temps cet effet chez mes voisins , avant de croire à la cause ; et malgré les observations analogues que nous offre la pratique du célèbre Arthur Young (1) , je pense que pour bien établir l'effet de cette racine sur les récoltes de froment subséquentes , il faudrait multiplier beaucoup les expériences exactes , et dans une grande variété de terrains.

Je ferai ici une observation qui tend à montrer combien l'esprit de théorie, ou de système , est un mauvais guide en agriculture , comme en beaucoup d'autres choses. A raisonner à *priori* , et d'après la théorie de l'Abbé Rozier , la pomme de terre devrait

______

(1) Je donnerai ci-après le tableau de ses expériences sur les assolemens.

être une excellente préparation pour le blé,
or, cela n'est pas. Ceux qui soutiennent que
la terre a différens sucs à donner aux différentes plantes, et que les céréales réussissent
après les racines, parce que celles - ci ne
demandent point à la terre une substance
analogue à la farine des grains blancs, ceux-là
dis - je, triomphent, en observant que la
pomme de terre épuise : ils en assignent la
cause à la parfaite analogie de la fécule de
la patate avec la fécule du froment, et se
récrient sur ce qu'il ne faut pas demander à
la terre successivement des récoltes dont la
substance soit, au fond, la même. Mais
quand on leur fait observer que la propriété
améliorante de la gesse est probable, et que
la faculté améliorante de la fève ou feverolle,
est prouvée, s'il y a quelque chose de prouvé
en agriculture, quoique ces deux graines
donnent de la farine encore plus semblable
à celle du froment, que la pomme de terre ;
alors, dis-je, ils sont obligés de convenir
que la règle n'est pas certaine. Rassemblons
et comparons les faits ; mais ne nous hâtons
point de faire des théories pour raisonner
d'après elles.

Toutes les fois que l'exploitation des pommes de terre, en terrain argileux, n'est pas considérable, la meilleure préparation du terrain est la bèche, pendant l'hiver, et il ne faut pas hésiter à la préférer. Une seule culture à la bèche ameublit, et nettoye mieux une terre argileuse, que trois labours à la charrue; par la raison que la bèche défonce plus bas presque au double; et que si les ouvriers sont attentifs, ils tuent les racines de l'avoine à chapelets, et les oignons des aulx, en enterrant celles-là assez profond pour qu'elles ne puissent plus végéter, et en exposant ceux ci à la surface du sol, où les gelées et dégels du printemps les font périr. (1)

---

(1) Quand les racines de l'avoine à chapelets sont exposées à la gelée, elles n'en souffrent point : si elles sont enterrées à la profondeur de la bèche, elles pourrissent. Il y a une manière d'employer la bèche, qui est la meilleure de toutes pour tuer les racines bulbeuses de ce gramen, qui est un vrai poison pour les fromens dans les terres agileuses : cette méthode consiste à labourer tout le champ en deux levées de bèche successives. Pour cela, on fait d'abord une tranchée ou fossé d'une largeur de bèche, et

Soit qu'on prépare le terrain à la bêche ou à la charrue, il importe d'espacer et aligner correctement les pommes de terre, afin de faciliter les cultures à la houe, desquelles dépendent, en très-grande partie, le succès de la récolte et la bonne préparation pour le froment. En général il convient de fumer les pommes de terre. Cette racine

qui ait quatre pouces de plus que la hauteur de l'instrument, en profondeur. On jette au fond de cette petite tranchée la levée de quatre pouces d'épais de la bande suivante, enterrant ainsi à un pied au moins tous les chapelets ou oignons qui végètent dans cette zone. Reprenant ensuite la même bande, à une profondeur de bêche, on renverse une zone d'un pied d'épais sur la première, et ainsi de suite. Les mauvaises racines sont couvertes uniformément d'un pied de terre, au moins. Ces mêmes terres sont sujettes aux aulx, dont les oignons sont enterrés si profondément qu'il n'y a que la bêche qui puisse les atteindre. La culture à la bêche pendant l'automne et l'hiver, est donc le meilleur moyen de détruire ces deux fléaux des terres argileuses. Or, rien ne paye mieux les frais de la culture à la bêche que la pomme de terre : on voit combien elle est précieuse pour les assolemens des terrains argileux.

est avide d'engrais ; et à moins que la terre ne soit très - fertile , les défoncemens bien faits , et la culture à la houe très-soignée, sa récolte est chétive si elle n'est pas fumée. Il y a des cas cependant où on peut se dispenser de fumer : ainsi dans une terre argileuse fertile , en bon état, et qui n'a jamais porté de pommes de terre , on peut compter sur une belle récolte , sans engrais , si l'on prépare et cultive bien le terrain. Le fumier profitera plus sur le blé après. Lorsqu'on rompt un ancien pré-gazon , pour y mettre des pommes de terre , celles-ci peuvent également se passer de fumier , mais la récolte n'est pas aussi considérable qu'en terre fumée.

Il y a une grande économie à employer la petite charrue, soit cultivateur ou houe à cheval, pour cultiver les pommes de terre pendant la végétation ; mais cette opération, qui sert plutôt à les terrer ou butter, devrait toujours être précédée d'un sarclage , ou culture au hoyau , pour arracher l'herbe, et suivie d'un second arrachement de l'herbe dans les lignes mêmes des pommes de terre. J'employe toujours la houe à cheval pour cultiver mes pommes de terre, et j'y trouve une grande économie, quoique assurément mes récoltes ne soient pas aussi considérables que celles de quelques-uns de mes voisins, qui donnent des cultures profondes et complettes au hoyau, et buttent les plantes une à une avec une grande abondance de terre. Ceci convient aux petites exploitations : la houe à cheval convient aux grandes.

J'ai connaissance d'une manière d'employer la houe à cheval pour cultiver les pommes de terre, qui donne à cet instrument plus d'avantage encore. Cette méthode est imitée de ce qui se pratique dans les Etats - Unis pour le maïs, c'est de donner d'abord une culture en long des sillons, puis une autre en travers. Pour cela, il faut que les pommes de terre soient alignées dans les deux sens, ce qu'on obtient facilement au moyen d'un cordeau placé en travers des traits de charrue, et qui dirige les planteurs. (1) J'ai vu une

---

(1) Voyez le 6e. vol. d'agriculture de la Bibliothéque Britannique, page 142. Si la petite charrue n'a qu'une oreille fixe à droite, il faut aller et venir

exploitation de pommes de terres qui avaient été cultivées de cette manière dans un terrain argilleux. Elles étaient en fleurs : leur fane couvrait tout le champ ; on ne distinguait aucune mauvaise herbe, et les plantes avaient l'apparence de la plus grande vigueur. Dans les cantons où la main-d'œuvre est chère, cette pratique offre une épargne très-importante, sur une grande exploitation.

La culture des choux en plain champ, est

---

dans chaque intervalle de deux lignes. Si elle a un versoir double, on le fixe pour qu'il jette la terre également des deux côtés, et on passe au milieu des deux rangées, une fois seulement, à chaque culture. L'expérience m'a appris que la distance la plus convenable entre les rangées est de deux pieds pour les terres légères, et de trente pouces pour les terres argileuses. On a peine à concevoir qu'un cheval puisse passer dans un si petit intervalle sans nuire aux plantes qui ont déjà de 3 à 6 pouces de haut à la première culture ; mais c'est un fait. Si l'animal écrase quelques tiges, il n'en résulte point un dommage sensible. Dans les terres sabloneuses, un âne ou un mulet de petite taille seraient préférables.

une

une de celles qui ont provoqué le plus grand nombre d'expériences en Angleterre , et dont les avantages sont le mieux prouvés , pour les terres argileuses ; mais elle suppose des bœufs ou des moutons à engraisser , ou des brebis nourrices à hiverner. Sans cela , elle perd beaucoup de son prix , car les grands choux dont il est question ici , et dont il y a deux ou trois variétés, ne sont pas une nourriture propre à l'homme , et donnent au lait des vaches qu'on en nourrit, une saveur désagréable.

Lorsque tout est monté , dans une ferme , pour que les choux soient employés le mieux possible , cette culture est très avantageuse. Elle est pratiquée avec succès dans le département du Nord ; mais elle n'est point susceptible d'être adoptée aussi facilement et aussi généralement que celle des pommes de terre , parce que les choux ne sont pas d'un usage universel, sont embarrassans à recueillir l'hiver dans les terres argileuses et embarrassans à conserver , si l'on n'a pas les bestiaux nécessaires pour les faire consommer à mesure qu'on les recueille.

Cette plante demande beaucoup d'engrais et de main-d'œuvre. La transplantation est à-peu-près indispensable; c'est une opération longue et coûteuse, mais surtout son résultat est précaire, à moins qu'on ne puisse arroser au moins une fois la plantation pour assurer la reprise des plançons. Or, dans la plupart des exploitations en grand, cet arrosement serait impossible. L'exemple de l'Angleterre où ils réussissent sans arrosement, ne prouve rien pour la France. On sait que l'atmosphère de cette île est sensiblement plus humide que la nôtre, et, en général, les transplantations y ont un succès beaucoup plus facile.

Je pense donc, qu'en France, il ne faut prétendre à cultiver les choux en plain champ, que dans les terres fraîches ou marécageuses, dans les lieux où l'on a des canaux d'arrosement pour les champs, dans les cantons où le climat est humide, ou enfin dans les exploitations assez peu étendues pour que l'arrosement à bras d'hommes, soit praticable, avec profit.

Le colza serait susceptible d'une adoption plus générale ; et cette culture amènerait l'augmentation des troupeaux sur des terres qui aujourd'hui ne nourrissent que peu de bêtes à cornes, et point de bêtes à laine.

La culture du colza a, comme on sait, deux objets très-différens, selon le systême qu'on adopte : l'huile, et le fourrage vert. Pour cultiver cette plante en vue d'en obtenir la graine, il faut des terres de la première qualité, et très-profondes. Il faut, en outre, fumer tous les ans, comme on le fait dans les environs de Lille, où cette culture est commune. Le colza qu'on laisse grener, est peut-être de toutes les plantes la plus épuisante : cette culture particulière ne saurait donc convenir qu'à certains terrains privilégiés. Mais la culture du colza pour fourrage, est susceptible d'être adoptée dans tous les cantons qui ont des terres fraîches, des glaises fécondes, et où les étés ne sont pas trop secs.

On a deux manières de cultiver le colza pour fourrage : l'une qui est la plus simple, consiste à semer en automne , pour faire pâturer les brebis et les agneaux au printemps , et pendant le courant de l'été , ou pour engraisser des moutons : l'autre méthode consiste à transplanter au printemps les semis d'automne, en espaçant les plantes, comme des choux, pour leur donner des cultures, et les faire consommer avant qu'elles montent en graines. Cette dernière méthode donne une énorme quantité de fourrage ; mais la transplantation offre des difficultés du même genre que celle des choux , et réduit la possibilité de ce mode particulier de culture aux mêmes circonstances que j'ai indiquées en parlant de cette plante , avec laquelle le colza a beaucoup d'analogie.

Les vesces d'hiver, ou gesses , fournissent une ressource importante dans les assolemens des terrains argileux, soit qu'on destine cette plante à porter sa graine , soit qu'on la place comme récolte fourrageuse , entre deux récoltes de grains blancs. Les vesces réussissent ordinairement bien après le blé , et sans fumure , dans une terre argileuse , médiocrement en bon état, pourvu que cette terre soit parfaitement égoutée. Cette plante, d'ailleurs très-robuste, craint l'humidité de l'automne et de l'hiver, encore plus que le froment; et s'il survient des pluies immédiatement après la semaille, le grain pourrit au lieu de germer. Lorsque cela arrive, ou que l'hiver est fatal à la plante, on a pour ressource de semer, au printemps, des vesces de printemps sur un seul labour.

Quand la gesse réussit, et qu'on la laisse grener, elle donne ordinairement huit à dix pour un : son mélange avec l'orge hivernée ou le froment, donne souvent davantage, parce que les tiges des grains blancs supportent les plantes de la gesse, et font que sa floraison est plus complette et plus productive. Si on coupe la plante pour fourrage, c'est en pleine fleur qu'il faut la prendre, ou quand les siliques commencent à se former. Dans cet état, elle est très-succulente, et d'un usage extrêmement profitable pour donner en vert à l'écurie. Mais elle a l'inconvénient d'être prête à couper toute à-la-fois. Si on commence à la couper trop tôt, elle peut donner la diarrhée aux bestiaux, et si

on la laisse trop tard, elle graine tout-à-fait.
On n'a pas pour la gesse le moyen qu'offre
la culture de la vesce, c'est-à-dire, de se
ménager une succession de divers espaces,
dont la maturité se suit de mois en mois;
on n'a pas, dis je, cette facilité, parce que
le temps de la semaille d'automne n'est pas
si arbitraire que celui de la semaille de printemps, et que d'ailleurs un mois de différence
dans la semaille d'automne, n'en ferait pas
une à beaucoup près aussi considérable sur
la maturité en prairial suivant.

Pour couper la gesse à la faux, et sans
perte, il convient de rouler le terrain. Dans
les sols légers, les mottes de terre ne se fon-
dent point pendant l'hiver; et quoique dans
les terrains argileux, elles se pulvérisent
d'ordinaire par les gelées et dégels, il reste
souvent, au printemps, trop d'inégalités pour
que la faux puisse glisser sans rien perdre. Il
convient donc toujours de renvoyer cette opération du roulage au printemps, en choisissant le premier moment où l'on peut entrer
dans le champ, sans que les animaux y enfoncent.

Le fourrage de la gesse est excellent, soit qu'on le fasse consommer en vert, soit qu'on le fasse sécher. Il y a quelquefois un peu de de difficulté dans la fenaison de la gesse, parce que comme cette plante a beaucoup de suc, elle sèche lentement : je ne pense pas cependant que cette difficulté soit plus grande que pour le trèfle ; et la gesse fournit au moins autant de fourrage que celui-ci donne de première coupe dans un terrain qui lui convient.

Ainsi que sur le trèfle, la luzerne, le sainfoin et les vesces de printemps, le gypse fait un excellent effet sur les gesses, et augmente beaucoup leur fourrage, dans de certaines terres ; mais ce sont surtout les terres légères. Son effet est ordinairement faible, quelquefois douteux, dans les terres glaises froides. D'après ma pratique et mes observations, je donnerais pour règle générale, que soit qu'il s'agisse de plantes fourrageuses vivaces ou de légumineuses annuelles, l'application du gypse est d'autant plus efficace qua la terre est plus graveleuse, sablonneuse et sèche ; et que son effet est d'autant plus faible , que le sol sur lequel on l'emploie se rapproche plus de la glaise humide.

La chicorée n'est point encore suffisamment connue sous le rapport de son influence sur les récoltes céréales qui lui succèdent ; mais les expériences qu'on en a faites en France sont assez favorables à cette plante ; et le cultivateur qui l'a cultivée le plus en grand , Arthur Young , s'en est très - bien trouvé pour les terres argileuses , où elle subsiste au moins trois années dans sa vigueur , et fournit un ample pâturage pour les moutons. Elle pivote fort bas ; elle réussit très-bien aussi dans les terres légères, mais c'est surtout pour les terrains froids et lourds qu'elle promet de de grands avantages , lorsqu'elle sera introduite avec pleine connaissance de ses effets dans les assolemens réglés. On lui a reproché de repousser çà et là , parmi le blé qui lui succède : ce n'est pas là un reproche grave : quelques plantes éparses , qui s'étiolent à l'ombre du froment , ne sauraient nuire essentiellement à la récolte de celui-ci ; et si, sans lui nuire, elles donnaient ensuite une ressource de pâturage sur le chaume , où elles repren

raient plus de développement après moisson,
il n'y aurait que de l'avantage à cette faculté
de revivre après le labour.

Le trèfle n'est point ici d'une ressource
aussi facile, et relativement aussi productive,
que dans les terres légères. Pour qu'il puisse
entrer avec avantage dans un assolement en
terre argileuse, et y servir de préparation
efficace au froment, il faut que la terre soit
parfaitement nette, bien égoutée, bien fumée,
et bien labourée. Lorsque ces conditions sont
remplies, le trèfle devient très-beau, et le blé
qui succède l'est aussi; mais un trèfle manqué,
comme c'est souvent le cas dans les terres
argileuses, souille le sol de mauvaises plantes,
et prépare une chétive récolte de froment.

J'ai dit qu'il fallait qu'une terre argileuse
où l'on met du trèfle fût bien égoutée; et
il ne faut pas croire qu'il suffise pour cela
des soins qu'on donne d'ordinaire aux champs
argileux, où l'on sème du froment, c'est-à-
dire, labourer en à-dos, ou sillons; il faut
encore, pour bien faire, pratiquer des coulisses qui débarrassent complettement le

champ des eaux qui séjourneraient au-dessous
de la couche végétale, ce qui suppose, au
reste, que la couche inférieure est de l'argile :
c'est le plus souvent le cas ; et il est rare que
les champs de terre glaise reposent sur une
couche calcaire, sablonneuse ou graveleuse.
Quand cela arrive, c'est une circonstance
très-favorable.

Dans un champ argileux où l'on a semé
du trèfle, sans avoir, au préalable, égouté
la terre par des coulisses, on est exposé,
1°. à ce que les racines pourrissent, si l'automne et l'hiver sont très-humides ; 2°. à ce
que le trèfle se déracine complettement, par
les gelées et dégels successifs, pendant l'hiver
et le printemps. J'ai l'expérience de ces deux
genres d'accidens.

La luzerne peut réussir dans les terres
argileuses, pourvu que ses racines ne séjournent jamais dans l'humidité. Il est encore
plus important que pour le trèfle, de bien
égoutter le champ par des coulisses, pour
peu que l'humidité puisse s'arrêter au-dessous
de la couche remuée, parce que la luzerne

devant durer plusieurs années , et exigeant des travaux préparatoires plus coûteux que le trèfle , la perte serait plus grande , si les racines pourrissaient pendant l'hiver.

En général , il ne peut pas convenir de cultiver la luzerne dans les terres argileuses , à moins de faire cette culture à grands frais : c'est-à-dire, défoncer le terrain à une grande profondeur, l'égoutter par des coulisses , et le bien fumer. Il est convenable encore que la piéce soit à portée de la maison , afin de faire consommer la luzerne en vert. Ce n'est donc pas comme ressource d'une application générale dans les assolemens de terre argileuse , qu'il faut considérer la luzerne ; mais dans certaines positions favorables , et dans des pièces d'une étendue bornée , la luzerne peut être cultivée avec avantage sur une terre argileuse , soit par les produits qu'elle donne , soit comme éloignant les années de jachères , et préparant de beaux fromens. Il y a une observation à faire en faveur des terres argileuses , pour la luzerne et le trèfle , c'est que lorsque les années sont très-sèches et les étés brûlans , c'est dans les sols argileux que ces deux plantes donnent le plus en fourrage et en grains.

Je ne compte pas le sainfoin parmi les plantes fourrageuses qu'on peut employer dans les terres argileuses ; non qu'il ne puisse y réussir avec les mêmes précautions que je viens d'indiquer pour la luzerne , mais parce que la graine étant fort chère , la levée casuelle , et la mort des jeunes plantes presque certaine dans une glaise froide , si l'automne qui suit la semaille est humide , je ne conseillerais jamais le choix de cette plante pour de tels terrains.

Les prés gazons méritent beaucoup d'attention de la part des cultivateurs qui visent à supprimer les jachères dans les terrains argileux. Il faut se souvenir que ces terres-là coûtent beaucoup à labourer, et que, toutes choses d'ailleurs égales , on doit préférer dans leur exploitation , les productions vivaces, pour n'avoir pas à y toucher souvent. Il faut se souvenir que toute terre s'améliore lorsqu'elle porte une plante de pré qui en prend possession , d'une manière com-

plette ; que surtout une terre argileuse s'améliore lorsqu'elle offre un pâturage qui permet
de la charger de moutons , parce que l'engrais
de ces animaux est extrêmement favorable
aux terres froides.

Cela posé, il paraît bien important d'appli-
quer aux terrains argileux la culture des gramens vivaces , en y associant le parcours
des moutons, dont l'effet est de faire taller
les plantes. Ce qui est surtout essentiel , c'est
que le terrain se gazonne bien , que la terre
soit complettement couverte de bonne herbe.
Cela est toujours difficile à obtenir dans les
glaises stériles ; mais dans de tels terrains ,
cela serait impossible sans le secours des moutons. Ces animaux , lorsqu'ils sont en nombre
suffisant, gazonnent les terrains plus efficace-
ment que tous les engrais qu'on peut y répandre ; parce qu'en même temps qu'ils fument,
ils arrêtent sans cesse la disposition que les
plantes auraient à s'elever , et les forcent par
conséquent à s'étendre. Je crois utile de répéter
sur cela ce que j'ai dit en parlant du ray-
grass. C'est un des préjugés les plus nuisibles
à l'agriculture, que celui qu'on a en France

sur le tort que les moutons peuvent faire aux prairies , en broutant l'herbe trop près du collet , ou en arrachant les plantes : si les moutons dégazonnaient les prés , pourquoi le meillenr moyen de former le gazon des esplanades destinées au mail ou au criquet , en Angletterre , serait-il de les charger de moutons ? L'on sait que le gazon de ces esplanades est serré comme du velours.

Il y a plusieurs gramens vivaces qui réussissent dans les terres argileuses , pourvu qu'elles soient bien fumées. Les fromentals , les bromes , les festuques , préfèrent même les terres glaises et fraîches aux terres légères et sèches. Les vulpins , les paturins y réussissent aussi ; le ray-grass de même ; et enfin il y a deux trèfles vivaces que la nature semble avoir destinés plus particulièrement à ces terres , et qui sont très-utiles dans leur mêlange avec les graminées , c'est le trèfle à fleurs jaunes , et le petit trèfle à fleurs blanches. Ce dernier surtout se plaît dans les glaises humides , et ne s'use point , parce qu'il se ressème de lui-même chaque année. Il convient aux moutons , et n'offre point le danger de faire gonfler les animaux, comme le trèfle à fleurs rouges.

La méthode dont je me trouve le mieux, et celle que je recommande comme la moins coûteuse, et la plus convenable , c'est de semer les graines des graminées vivaces en même temps qu'on sème le blé à moitié semences. Je suppose le champ fumé, et la terre bien nette. Il faut avoir soin de semer de bonne heure dans la saison: ce qui est très-convenable pour les terres argileuses, parce que les pluies d'automne peuvent rendre les semailles impossibles. (1)

Une autre attention nécessaire au succès des prés qu'on établit , c'est de semer fort épais. J'use d'une règle qui est sûre et commode, quant à la quantité de semence de fromental, ou d'autres graminées vivaces, à

---

(1) On peut aussi semer les graines de prés , au printemps, sur le froment en végétation ; mais en supposant la levée égale, dans cette méthode, on perd l'égrainement, qui, dans l'usage que je recommande, a lieu, au profit du pré, avant et pendant la moisson du blé.

répandre sur un sol donné: c'est d'en semer trois fois autant, en volume et non en poids, que l'on semerait de blé dans la même étendue de terrain : c'est la même règle que pour le sainfoin. La dépense de cette quantité considérable de semence peut retenir ceux qui seraient tentés d'établir des prés en terres argileuses, pour quelques années ; mais pour tous ceux qui sont en état de faire cette avance, elle est toujours extrêmement profitable. La terre rend autant, ou plus, en pré qu'elle ne rendrait en champ ; elle ne coûte rien à labourer, elle ne coûte rien à récolter quand on use du pâturage ; et d'année en année, sa faculté augmente de produire des grains, et de soutenir un assolement sans jachère et sans engrais, lorsqu'on voudra rentrer dans un cours qui admette les récoltes améliorantes intercalaires.

Après ces notions générales sur les productions qui doivent entrer dans les assolemens des terres argileuses, il convient d'indiquer les applications. Je le ferai avec moins de confiance que pour les terrains d'une autre nature. Ici on ne peut pas dire : toute
une

« une province, tout un pays, suivent avec
» un avantage soutenu tel ou tel assolement
» depuis un siècle : on n'a à présenter que des
» exemples partiels, et des succès de quelques
» années. L'influence de l'agriculture des Ro-
» mains, qui s'était propagée dans toute l'Eu-
» rope, se soutient encore pour les terrains
» argileux, sur la plus grande partie du conti-
» nent. L'Angleterre nous offre presque seule
» des exemples de tentatives heureuses pour
» s'affranchir de cette routine. Je dirai d'abord,
» d'après les principes raisonnés, d'après mes
» observations et mon expérience, quels sont
» les cours que je conseille ; et je rassemblerai
» ensuite ce que je connais de plus instructif
» en faits, dans la culture de l'Angleterre.

Celui qui exploite un grand domaine de
terres argileuses ne doit pas viser à assoler
tout à-la-fois ses terrains de manière qu'aucune partie ne demeure en jachère. Il doit
commencer par les champs qui sont dans le
meilleur état, qui ont été le plus soignés sous
le rapport des engrais, et où la terre est la
plus nette : les succès qu'il obtiendra dans

K

ces pièces privilégiées lui faciliteront les assolemens pour tout le reste de sa ferme.

Pour peu que la terre soit faible en fourrages, établir des prés doit être le premier
objet d'un cultivateur de terres argileuses
qui peut faire les avances nécessaires. Convertir en prés durables une terre dont le seul
labourage entraîne de grands frais, c'est déjà
faire une économie annuelle bien importante.
Cette épargne sur les déboursés se trouve
encore plus considérable lorsque les pièces
que l'on met en prés sont éloignées des bâtimens de ferme, puisque, non-seulement on
évite sur les labours et les charriages d'engrais
les non-valeurs que les distances multiplient,
mais encore, si l'on sait joindre dans la même
ferme la culture des bêtes à laine à celle des
plantes céréales, on fait récolter sur place, et
sans frais, les plantes fourrageuses, et l'on
trouve la rente des pièces dans le revenu des
troupeaux, tout en opérant une amélioration
de plus en plus sensible sur les terrains.

Dans les positions même où l'on a du fourrage en suffisance, l'augmentation des prés

ne peut jamais être à charge à celui qui la
fait. Il n'y a point de proverbe agricole d'un
plus grand sens que celui qui dit : *qui a du
foin a du pain.* Il n'y a jamais trop de fourrage dans un domaine ; et la consommation
qu'on en fait sur le fonds, au profit des terres
arables, paye toujours magnifiquement l'agriculteur de ses avances.

Je dis donc que la mesure préparatoire
pour l'introduction des bons assolemens dans
un domaine argileux, devrait être de trans-
former en prés-gazons les champs les plus
éloignés des bâtimens de ferme, et de destiner
tout ou partie de ces nouveaux prés à nourrir
et engraisser des troupeaux, par le pâturage.
C'est un grand point de tranquillité, pour
le cultivateur d'un domaine de terres glaises,
que d'avoir resserré son exploitation sur les pièces les plus voisines des bâtimens, d'avoir acquis
l'avantage d'exploiter avec aisance, de faire
les ouvrages en temps convenable, de fumer
abondamment ce qui doit l'être, d'être, en un
mot, *plus fort que sa ferme :* sur vingt fermiers
de terres glaises, il y en a dix-neuf qui sont
plus faibles que le domaine qu'ils exploitent.

Le choix d'un assolement peut dépendre, jusqu'à un certain point, des localités, mais sur-tout il doit dépendre de la qualité productive des terres glaises dont il s'agit. Il y a des glaises stériles, des glaises fécondes, et d'autres qui tiennent le milieu entre ces deux extrêmes. La disposition plane ou inclinée des champs, la nature de la couche inférieure, la présence des eaux souterraines, l'alliage plus ou moins grand de la terre calcaire, ou du sable, ou de la marne, la tenacité plus ou moins forte de ces terrains, la promptitude plus ou moins grande avec laquelle ils se durcissent au soleil après les labours, le climat sous lequel ils sont situés, apportent des différences sensibles dans les résultats des mêmes procédés, et doivent faire varier les méthodes d'assolement.

Je dirai, en général, que le blé et l'avoine sont les deux grains blancs qui conviennent à ces terres. J'en exclus l'orge qui n'y donne guères que des récoltes médiocres. Il y a, parmi les blés, des variétés qui réussissent habituellement mieux dans des terrains et sous un climat donnés : c'est au cultivateur à choisir avec jugement ; mais il faut qu'il ait égard à la facilité soit de la vente , soit de l'emploi de sa graine, autant qu'à la quantité du produit : c'est par cette raison que les blés qu'on peut appeler de fantaisie , tels que les blés de Sicile , de Sibérie , et d'autres blés ou d'automne ou de printemps dont la vente n'est pas très-prompte et très-sûre , ne peuvent être que difficilement admis dans une culture en grand , lors même que leur succès est probable. Il faut se borner à les cultiver dans de certains champs pour lesquels ils paraissent plus particulièrement indiqués. Quand je parle du blé , je suppose donc celui qui est de l'usage le plus commun et de l'écoulement le plus facile dans le canton dont il s'agit.

Peut-être que , généralement parlant, le blé peut revenir plus souvent sans inconvénient dans les terres argileuses que dans les terres légères. Leur nature les rend plus propres au blé , et la génération des gramens nuisibles n'y est pas aussi prompte que sur les terres légères. Sur celles-ci , il faut la variété des turneps et du trèfle, avec l'en grais énorme qui résulte soit de la fumure des turneps , soit de la consommation sur place , il faut les soins les plus actifs dans la culture de cette plante et du trèfle , pour pouvoir espérer long-temps de belles récoltes de blé , de deux ans en deux ans.

Il paraît au contraire, par la belle expérience du Duc de Grafton que je citerai ci-après , que l'alternance du blé et des féverolles sarclées , avec fumure légère de trois en trois ans , soutient sans diminution la faculté de produire , et la parfaite netteté d'une glaise froide. On peut dire aussi , en général , qu'à préparation également bonne , une terre argileuse produit plus de blé et d'un blé plus lourd , qu'une terre légère ; ce qui tend à rétablir l'équilibre des avantages comparatifs des deux genres de terrains.

[Après l'établissement des prés - gazons dans les pièces écartées, j'inviterais le propriétaire d'un domaine argileux [, à diriger ses soins vers le desséchement parfait de ses champs. Il ne doit point hésiter à ouvrir des fossés larges et profonds , et à

former des coulisses par-tout où ces opérations sont indispensables , ou seulement
utiles , au complet desséchement. Il doit obtenir de son laboureur des attentions raisonnées
sur la meilleure direction à donner aux labours,
sur la manière de former les billons ou à-dos,
et sur tout ce qui tend à débarrasser promptement la terre des eaux pluviales. Il faut se
rappeller que dans les terres glaises, tous les
frais de labourage, d'engrais et de culture
sont perdus, si l'on ne desséche et n'égoutte
pas complettement les champs. Il y a dans
l'assolement de Mr. Arbuthnot, dont je rendrai
compte ci - après , une excellente leçon à
prendre sous le rapport du desséchement,
pour tous ceux qui peuvent faire les avances
nécessaires.

Dans la manière d'assoler son domaine,
le cultivateur aura égard aux facilités de
l'écoulement et de la consommation des
denrées que son fonds doit produire. En res-
pectant, et avant tout , les convenances du
terrain , et les indications du climat , il réglera
la proportion de ses soles sur ses besoins de
consommation pour sa famille, ses gens, et

ses bestiaux, sur la vente probable et lucrative de son excédent , de manière que dans l'arrangement de ses cours de récoltes , il ne se trouve jamais surchargé une fois d'une production dont il manquerait une autre année.

Pour fixer les idées , je ferai des suppositions plus précises. J'admets qu'un quart du domaine soit en prés durables. A considérer le reste comme un entier , je suppose que le fermier en destine annuellement un tiers au blé, et un sixième à l'avoine : ce sera la moitié des terres arables occupée annuellement par des grains blancs. L'autre moitié sera partagée entre les féverolles, les gesses, les pommes de terre, les choux , le colza et le trèfle : la distribution et la proportion de ces diverses récoltes seront réglées sur les principes que j'ai indiqués.

Le fermier aura soin, en général , que le blé succède aux fèves fumées et sarclées, ou au trèfle , ou au colza pâturé sur place. Il aura soin que le trèfle ne soit jamais semé que dans une terre parfaitement nette , fumée pour la récolte précédente ; et il semera ce même trèfle plutôt avec l'avoine que sur le blé ; car si dans les terres légères c'est une meilleure agriculture de semer le trèfle avec l'orge, en terre fraîchement remuée que de le semer sur le blé qui est depuis cinq mois en terre, on peut le dire à plus forte raison, des terres argileuses qui sont sujettes à se relier et à se durcir, si le printemps est sec, tellement que les racines du trèfle y pénètrent difficilement. Lorsque des convenances décisives engageront le fermier à semer son trèfle sur le blé en végétation, il aura soin de herser avec une herse garnie d'épines immédiatement après ; mais j'observe, en passant, que cela ne pouvant se faire que tard dans le printemps, à cause de la difficulté d'entrer dans les terres glaises après l'hiver, il en résulte l'inconvénient de semer le trèfle tard.

Les pommes de terre seront toujours fumées ; elles seront plantées quand cela sera possible dans une terre labourée à la bêche, houées et buttées avec soin, et l'agriculteur préférera de leur faire succéder l'avoine plutôt que le blé.

Les gesses succéderont au blé et seront consommées en vert, ou coupées pour fourrage avant la maturité. Si l'hiver les tue, on semera au printemps des vesces sur un seul labour, pour le même usage.

Les choux et le colza seront toujours dans les terres les plus fraîches, et bien fumées. L'avoine suivra les choux, et le blé suivra le colza qui aura été pâturé pendant l'été. (1)

---

(1) Lorsque l'on a la facilité de marner les terres argileuses en marne calcaire, on peut y recueillir de très-beaux turneps; et les lecteurs qui ont connaissance de ce fait, pourraient croire que j'ai eu tort d'omettre la culture des turneps pour les terres glaises; mais la difficulté n'est pas de faire croitre de beaux turneps dans les terres glaises, c'est de les y consommer. Les turneps charriés n'améliorent pas la terre; ils sont embarrassans à conserver en hiver; et les faire manger sur place dans de tels terrains, est impossible. Je crois donc plus sage de les exclure totalement des terres qui sont décidément argileuses: dans les nuances intermédiaires ils peuvent être admis avec plus ou moins d'avantage, selon qu'elles se rapprochent plus du caractère des terrains secs et légers.

Voici donc la variété des assolemens sur lesquels on peut choisir d'après les principes que je rappelle, et des indications que je donne.

ASSOLEMENS DE DEUX ANS.

1. Fèves fumées et sarclées deux fois, (selon que la terre sera en bon état, et selon les ressources de la ferme, on fumera tous les deux ans, ou de quatre en quatre ans, mais toujours les fèves.)

2. Blé.

Et ainsi alternativement, tant que les récoltes se soutiendront également belles, et la terre nette.

ASSOLEMENS DE TROIS ANS.

1. Fèves fumées.
2. Blé.
3. Trèfle.

1. Fèves fumées.
2. Blé.
3. Gesses pour fourrages.

1. Pommes de terre fumées.
2. Avoine.
3. Trèfle rompu à la bèche pendant l'hiver.

1. Choux fumés.
2. Avoine.
3. Trèfle.

1. Colza fumé et pâturé.
2. Blé.
3. Trèfle.

ASSOLEMENS DE QUATRE ANS.

1. Gesses fumées et coupées en vert.
2. Avoine.
3. Trèfle
4. Blé.

1. Fèves fumées et sarclées deux fois.
2. Blé.
3. Trèfle.
4. Blé.

1. Pommes de terre fumées.
2. Avoine.
3. Trèfle.
4. Blé.

1 1. Pommes de terre sur un labour à la bèche,
  et fumées

2 2. Blé.

3 3. Trèfle.

4 4. Blé.

1 1. Choux fumés.

2 2. Avoine.

3 3. Trèfle.

4 4. Blé.

1 1. Colza fumé et pâturé.

2 2. Blé.

3 3. Trèfle.

4 4. Blé.

1 1. Colza fumé et pâturé.

2 2. Blé.

3 3. Fèves fumées.

4 4. Blé.

1 1. Fèves.

2 2. Choux fumés.

3 3. Fèves.

4 4. Blé.

ASSOLEMENS DE CINQ ANS.

1. Gesses pour fourrage.
2. Pommes de terre fumées.
3. Avoine.
4. Trèfle.
5. Blé.

1. Fèves fumées.
2. Blé.
3. Trèfle.
4. Blé.
5. Gesses coupées en vert.

1. Pommes de terre fumées.
2. Avoine.
3. Trèfle.
4. Blé.
5. Gesses pour fourrage.

1. Pommes de terre sur un labour à la bèche, et fumées.
2. Blé.
3. Trèfle.
4. Blé.
5. Gesses pour fourrage.

1. Choux fumés.
2. Avoine.
3. Trèfle.
4. Blé.
5. Gesses pour fourrage.

1. Colza fumé et pâturé.
2. Blé.
3. Trèfle.
4. Blé.
5. Gesses pour fourrage.

1. Colza fumé et pâturé.
2. Blé.
3. Fèves fumées.
4. Blé.
5. Gesses pour fourrage.

1. Fèves.
2. Choux fumés.
3. Fèves.
4. Blé.
5. Gesses pour fourrage.

ASSOLEMENS DE SIX ANS.

1. Fèves fumées.
2. Blé.
3. Pommes de terre fumées.
4. Avoine.
5. Trèfle.
6. Blé.

1. Pommes de terre labourées à la bèche et fumées.
2. Blé.
3. Fèves.
4. Blé.
5. Fèves fumées.
6. Blé.

1. Choux fumés.
2. Avoine.
3. Trèfle.
4. Blé.
5. Fèves fumées.
6. Blé.

1. Colza

1. Colza fumé et pâturé.

2. Blé.

3. Fèves.

4. Blé.

5. Pommes de terre fumées.

6. Avoine.

Les pièces qui ont été mises en prés-gazons, peuvent rester telles jusqu'à ce que les convenances du domaine, ou une altération sensible dans la quantité d'herbe qu'elles produisent, avertissent que c'est le moment de les rompre. Il importe alors d'adopter un assolement qui prolonge le plus long-temps qu'il est possible l'influence féconde du gazon décomposé. Les expériences d'Arthur Young sur les assolemens, que je citerai ci-après, donnent sur ce point des leçons de la plus grande importance. Elles nous apprennent que les fèves ont, à un degré éminent, la faculté de conserver et de renouveler l'influence fertilisante du gazon pourri ; et ces expériences nous démontrent en même temps que les pommes de terre ne conviennent pas dans un terrain froid qui était en pré auparavant. Enfin, les faits qui résultent de

travail d'Arthur Young, nous apprennent
que dans les prés rompus, tant que le gazon
n'est pas entièrement consumé, l'avoine donne
plus de profit que le blé.

Voici donc le genre d'assolement que je
conseillerais dans les pièces qui auraient été
quelques années en prés-gazons, et pâturés :

1. Fèves.
2. Avoine.
3 Fèves.
4. Avoine.
5. Fèves.
6. Blé.

Pour rentrer ensuite dans un des assolemens indiqués ci-dessus, et introduire une
récolte fumée de trois en trois ans, ou de
quatre en quatre ans, afin de remplacer l'effet
fertilisant du gazon, lequel effet, lorsque
le pré n'a duré que cinq à six ans, ne peut
pas demeurer sensible plus de six années, et
a même besoin d'être renouvelé par les
fèves.

On observera que, dans la variété des assolemens que je propose, je respecte rigoureu-
sement les principes dont l'expérience a
consacré l'utilité. Ainsi, pour assurer autant
qu'il est possible la réussite du trèfle, je le
sème toujours sur une terre qui a été fumée,
et parfaitement nettoyée de mauvaises herbes
l'année précédente, ou, pour dire comme
les Anglais, après une *récolte-jachère*. Dans
les cours qui rendent la chose possible, je le
sème de préférence avec l'avoine.

Toutes les fois que les fèves entrent dans
l'assolement, je leur fais succéder le blé. Il n'y
a que deux exceptions, et je les ai prises dans
les belles expériences d'Arthur Young, dont
je rendrai compte ci-après : l'une est de mettre
des choux fumés après des fèves, pour revenir
aux fèves, puis au blé : l'autre, c'est de mettre
l'avoine après les fèves. Dans le premier cas, j'ai
supposé que la terre, malgré les fèves et leurs
sarclages, se souillait d'herbe par l'effet d'une
saison pluvieuse : dans ces cas-là, les choux,
puis les fèves encore avant le blé, sont le
moyen le plus profitable de nettoyer le champ :
cela vaut mieux qu'une jachère complette, à

d'ailleurs, on peut toujours venir. La seconde
exception a pour but d'employer, le mieux
possible, la force végétative que donne le
gazon pourri dans un pré rompu : l'avoine
profite mieux de cette force végétative que
le blé : les expériences d'Arthur Young le
prouvent encore.

A ces deux exceptions près, qui naturellement doivent être rares sur le domaine, je
suppose toujours que les féverolles seront
suivies du blé, parce que, pour les terres
glaises, elles sont la récolte améliorante par
excellence.

Je ne mets jamais le blé après les pommes
de terre, que celles-ci n'aient été plantées
sur un labour à la bèche, ce qui réduit l'application de cet assolement à des pièces peu
considérables. Dans la culture en grand, je
préfère de faire toujours succéder l'avoine
aux pommes de terre.

Toutes les fois que le trèfle revient, il
est remplacé par le blé. En suivant les règles
indiquées, on aura lieu d'espérer de beaux

trèfles ; et le blé réussira par conséquent. Cet
ordre de succession a encore ceci de particulièrement avantageux , que s'il survient
des temps pluvieux , à l'approche des semailles du blé , et que les charrues se trouvent
arrêtées dans les terrains qui ont porté des
fèves , elles peuvent travailler à rompre les
trèfles. La consistance que le trèfle donne à
la surface du terrain , fait que les animaux
de labour n'y enfoncent pas ; et les trèfles
ne se rompent jamais mieux qu'après les
pluies.

Une fois qu'on s'est bien pénétré des principes sur lesquels les assolemens des terres
argileuses doivent être fondés , on peut varier
infiniment les applications , sans risquer de
s'égarer. Mais le cultivateur habile doit observer avec soin les effets des assolemens
adoptés, sur la fertilité et la propreté du
terrain. Tous les champs d'une ferme , en
les supposant du même genre de terres ,
ne se ressemblent pas. A soins égaux, l'un
demeurera net et fécond : l'autre se souillera
de mauvaises herbes, et paraîtra s'épuiser. Il
ne faut qu'une année extrêmement plu-

vieuse, où les sarclages auront été difficiles
et peu efficaces, pour qu'un champ demeure
empoisonné de mauvaises plantes. Dans ces
cas-là, il ne faut pas hésiter à donner une
jachère complette, pour rentrer ensuite dans
l'un des assolemens prescrits. C'est une bonne
économie alors que de sacrifier les frais de
labours, et une année de récolte, pour assurer
la netteté et la fécondité de sa terre, pendant une longue suite d'années.

Il y a quelques productions qui sont d'une
convenance locale ou d'une consommation
facile et commode pour le fermier, et dont
je n'ai point parlé, quoique je ne les exclue
pas de ce genre de terrain : tels sont le chanvre
et le lin, les carottes, les raves, la racine
de disette, etc. Le chanvre et le lin peuvent
entrer dans les assolemens des glaises fécondes ; mais dans les glaises médiocres ou stériles,
je ne crois pas ces productions profitables.
Les terrains qui leur conviennent par-dessus
tout, ce sont les luts gras, les terreaux fertiles, les sols d'alluvions ; et dans ces terrains-
là, les raves peuvent succéder avec avantage,
dans la même année, ce qui n'est pas pos-

sible dans les glaises froides. Généralement
parlant, je ne pense pas que, pour des assolemens en grand, sur les terres argileuses, le
chanvre et le lin conviennent. Quant aux
terres où ils rendent de grands produits,
elles ne sont pas difficiles à assoler : ce sont
les plus fertiles de la France.

Faits relatifs aux assolemens de terres argilleuses, en Angleterre.

On trouve dans les mémoires de la société
de Bath, une lettre de Mr. John Middleton
sur la culture des terrains argileux, laquelle
lui a valu un prix de la part de cette société. Il y rend compte d'un assolement qui
lui a réussi, savoir :

1. Gesses fumées pour fourrage.
2. Avoine.
3. Trèfle.
4 Blé.

« Dans aucun des ouvrages dont j'ai connaissance , dit-il, on n'estime les vesces
d'hiver ce qu'elles valent. Considérées comme

fourrage à donner en vert, on les estimerait trop bas, en les comparant aux turneps, c'est-à-dire, en les comptant à 30, 40 ou 50 shellings l'acre. On peut les convertir en fourrage séché, qui donnera autant que les meilleures prairies sur le même espace, et dont la qualité sera supérieure. „

« Il y a peu de cultivateurs qui sèment des gesses sur un grand espace de terrain : c'est ordinairement un acre ou deux pour faire manger en vert aux chevaux, et en laisser gréner une partie pour semer. Il est rare qu'on coupe la récolte pour la convertir en fourrage sec. „

« La méthode que je recommande, c'est de semer des gesses sur le quart de toutes les terres argileuses d'un domaine ; de les donner en vert à l'étable et à l'écurie aussi long-temps que les animaux les consoment sans perte, c'est-à-dire, jusqu'à ce que les feuilles jaunissent dans le bas des tiges, et que les gousses se forment. On coupe alors à la faux ce qui reste sur pied, et on le sèche en foin. Une récolte ordinaire donne à six milliers pesant de fourrage sec, égal en qualité au sainfoin, supérieur à tout autre fourrage, et qui vaut une livre sterling par charretée de plus que le meilleur foin de pré. „

« L'été dernier, j'avais environ dix - huit acres de gesses. J'en fis manger six en vert. Les douze autres, recueillis en foin me donnèrent trente-six charretées que j'estime à cinq guinées, en comptant le foin et l'avoine que ce fourrage me remplaça. Cela fait quinze guinées par acre, et je crois que c'est la seule manière d'estimer ce fourrage tout ce qu'il vaut. Je pense qu'il faut estimer les récoltes de trèfle sur le même principe. „

« A mesure que le terrain est débarrassé, acre par acre, il faut le rompre. Après le premier labour, il faut herser, puis relabourer et herser encore, en ayant soin de recueillir les chiendents et autres plantes nuisibles, à chaque hersage, pour les brûler. Ces opérations rendront la terre aussi nette qu'elle peut l'être après une jachère complette. „

" Avant les pluies d'automne, on disposera le terrain en billons. Ceux qui tiennent la terre le mieux égouttée pendant l'hiver sont les billons de quatre raies de charrue. On ouvrira ensuite les raies d'écoulement ; et on sémera au printemps, le plus tôt possible, l'avoine avec la graine de trèfle. „

" L'année suivante, on coupera le trèfle une fois ou deux, puis on semera du blé sous-raies , en le recouvrant d'un coup de charrue peu profond. Je conseille encore ici les billons de quatre raies de charrue, soit trois pieds de large , parce qu'ils maintiendront le terrain très-sec. Avec les raies d'écoulement nécessaires , on aura une belle récolte de blé. „

" Après la récolte, fumez sur le chaume. Semez les gesses sur le fumier en septembre, et enterrez-les à la charrue et à raies serrées. „

" De cette manière, tous les labours se donnent dans la belle saison, et pendant que la terre est sèche : c'est un grand avantage, car les labours d'hiver pétrissent le terrain, et font souvent plus de mal que de bien dans les terres glaises. On voit combien ce système est calculé pour tenir les terrains nets et assurer de belles récoltes. „

" J'ai l'état des dépenses, du produit et des profits probables, mais ces détails ne peuvent guères être généralement utiles , parce que les localités y influent beaucoup. En deux mots, Je dirai que mes dépenses sont de six guinées par acre et mes produits de douze. J'ai six guinées pour la rente, les impôts, les risques, l'intérêt et le profit. (1)

---

(1) Les lecteurs observeront de quelle importance majeure est le parfait desséchement de la terre pendant l'hiver, non-seulement lorsque le blé occupe la terre, mais encore lorsque la jachère d'hiver prépare la semaille de l'avoine Sans les précautions sagement indiquées par l'auteur, il serait impossible d'entrer dans des champs de terre glaise dès le mois de ventôse, ou même de germinal pour y semer l'avoine et le trèfle. Les gesses périraient presque sûrement pendant l'automne et l'hiver , si la terre n'était pas parfaitement égouttée : j'ai déjà remarqué qu'elles craignaient la stagnation des eaux plus encore , s'il est possible, que le froment.

*EXEMPLE D'UN ASSOLEMENT DE TROIS ANS,
EN TERRES GLAISES, PRATIQUÉ AVEC BEAU-
COUP DE SUCCÈS (tiré des annales d'Arthur
Young.)*

« La plupart des champs , dit l'auteur,
dans lesquels on a pratiqué l'assolement que
je vais décrire sont d'une terre argileuse repo-
sant sur l'argile pure : quelques - uns sont
même de l'argile jusqu'à la surface. Tous
sont extrèmement humides. „

« Il est difficile de bien faire connaître un
terrain par une description verbale ; mais
cependant, lorsqu'on rassemble les circonstances essentielles , on donne d'une terre
quelconque une idée assez exacte à un cultivateur pratique. Les champs argileux dont
il s'agit sont roides , tenaces , se durcissent et
se cuisent en quelque sorte , au soleil, s'il
survient après la pluie ; et leurs mottes deviennent dures comme de la pierre. La surface est d'un brun noirâtre , et la couche
inférieure d'un jaune rougeâtre. On peut faire
des briques avec cette terre , et elle conserve

toutes les formes qu'on lui donne à la main. Le blé et les fèves y viennent très-bien ; l'avoine médiocrement, l'orge mal ; et les prés qu'on essaye d'y établir ne durent que deux ou trois ans. „

« Il y a d'autres champs d'une terre glaise moins argileuse que celle dont je viens de parler. La Différence qu'il y a , pour le sol inférieur , c'est qu'il contient un peu de sable. Avant les desséchemens dont je vais rendre compte , la surface de ces champs avait également l'apparence de l'argile pure. Elle se durcissait et se pétrissait de même ; et lorsqu'on cultivait ces terres de la même même manière que les champs argileux que j'ai décrits d'abord , ils étaient encore plus stériles. Depuis que ces terres sont bien desséchées , la surface est devenue friable, et cette friabilité varie un peu d'un champ à l'autre , ce qui rend la culture de quelques-uns plus facile. „

« Malgré tous les soins pris pour dessécher ces terrains , ils sont quelquefois embarrassans à labourer dans les chaleurs ; car pour peu que la charrue y entre trop tôt après la pluie, la bande du sillon se lève toute entière d'un bout à l'autre, et le soleil le durcit comme une pierre. Si l'on ne met pas du fumier dans ces terrains-là, comme qu'on s'y prenne, ils payent à peine les frais de culture. Avec du fumier, on peut y cultiver tout ce qu'on veut ; mais il n'est jamais possible de labourer ces terres à plat. Lorsqu'on les laboure en billons, l'on peut y avoir des turneps, mais non pas les faire consommer sur place par les moutons. Ces terrains sont presque entièrement dépourvus de pierres, mais il y a des veines de sable, par lesquelles les eaux font leur chemin, et elles gâtent souvent les récoltes. „

« Mr. Arbuthnot a essayé de cultiver ces terrains de diverses manières. Il les a fait labourer en sillons de quatre, huit, seize, et vingt raies, sans être jamais content du résultat. Enfin il s'est avisé d'une méthode suivie en Flandres sur des terres semblables ; et peu-à-peu, il a donné à tous ses champs les mêmes courbures. Les grands sillons ou segmens ont deux perches de large, et la

courbure est telle, que le milieu est environ
deux pieds et demi plus haut que les raies
latérales qui le bornent. La coupe du sillon
représente un segment d'un très-grand cercle.
Dans quelques-uns de ses champs, il a fallu,
pour donner cette courbure, les trois labours
de jachère : Dans d'autres, les labours de
semailles lui ont suffi pour cela. Dans chaque
raie qui sépare deux segmens, il a pratiqué
une coulisse qui se dégorge aux extrémités
du champ : ces coulisses sont en fascines, et
ont deux pieds à deux pieds et demi de
profond. „

« Chaque grand sillon ou segment, de
trente-deux pieds de large, porte deux,
trois, ou quatre billons dont la figure ci-
après représente la coupe :

„ Il paraît nécessaire que les eaux aient
un écoulement facile sur la couche inférieure
qui est argile pure, et depuis le sommet

de l'arc jusqu'aux raies latérales ou coulisses qui les reçoivent. „ (1)

„ L'assolement de Mr. Arbuthnot est remarquable , et mérite beaucoup d'attention , parce qu'il est admirablement adapté à son terrain et à sa situation. Cet assolement est de trois ans , savoir :

1 Fèves.
2 Blé.
3 Trèfle.

" Il faut que les fèves se trouvent toujours après le trèfle ; et voici pourquoi. „

" Dans l'usage ordinaire, il y a un inconvénient grave à la récolte des fèves , c'est qu'elle est trop tardive , et qu'on manque de temps pour préparer convenablement le

---

(1) Les trois raies ou les quatre raies qui se trouvent sur le segment n'arrêtent point cette transsudation des eaux pluviales qui se fait entre la couche remuée et l'argile solide , jusques dans les coulisses permanentes.

terrain

terrain à recevoir le blé. (1) En les semant à la fin de décembre, elles se trouvent prêtes à sarcler, pendant la quinzaine sèche que nous ne manquons guères d'avoir en février ou mars ; et on peut alors faire la récolte en juillet ou en août.

« En général, on attend trop long-temps pour couper les fèves : il faudrait toujours que cette récolte se fît pendant que la plus grande partie des siliques sont encore vertes. Les fèves en sont meilleures, et les tiges plus utiles. Mais dans les terrains argileux, il n'y a pas une année sur cinq, où l'on puisse semer à la fin de décembre. Il faut souvent attendre jusqu'en mars , et il en résulte une récolte tardive, et un blé mal semé. Tout est lié dans le système de Mr. Arbuthnot : il faut bien en saisir l'ensemble , avant d'en critiquer les détails.

____

(1) Cet inconvénient n'existe pas pour la plupart des départemens de la France, où la récolte est d'un mois au moins plus hâtive qu'en Angleterre.

„ Mr. Arbuthnot fume toujours les fèves.
Il les plante à la main, à seize pouces en tout
sens. Il les tient sarclées avec le plus grand
soin, tant que les ouvriers peuvent y entrer.
Dès qu'elles sont coupées, on les lie en petites
javelles, et on les aligne, pour pouvoir travailler la terre , tandisque les fèves sèchent ;
car il leur faut une quinzaine de jours pour
sécher : cela retarderait trop la semaille du
blé. „

„ Pour bien sentir l'importance de ce point
là, il faut réfléchir que la force et la réussite
du système entier portent sur le succès du
trèfle (1) ; et comme le trèfle revient tous
les trois ans (ce qui est bien fréquent) ,
comme on le sème sur le blé en végétation,
ce qui ne vaut pas de le semer avec une
graine de printemps, il convient de soigner
le blé infiniment davantage qu'on ne le ferait
dans une autre supposition. Voici les opérations que la terre subit : „

---

(1) Voilà le principe sur lequel j'ai appuyé si
souvent dans le cours de ce mémoire.

„ 1°. On fait passer sur la surface du champ l'espèce de houe à cheval qu'on appelle le *shim* de l'île de Thanet, et qui coupe les racines des mauvaises herbes, en même temps qu'il débarrasse le chaume, en remuant la terre à une profondeur de deux à trois pouces. On herse ensuite, pour enlever toutes les mauvaises herbes. On charrie les fèves. On fait sur le terrain qu'occupaient les javelles, la même opération qu'on a fait dans les intervalles. Le champ est ensuite prêt à recevoir la charrue. On donne trois labours successifs ; ensorte que la terre est au moins aussi bien ameublie que dans les jachères complettes, telles qu'on les donne ordinairement. „

„ L'importance de semer de bonne heure pour recueillir de même, sera mieux sentie quand je dirai que les tiges valent entre deux et trois livres sterling par acre. Tant que ce fourrage dure, les chevaux de Mr. Arbuthnot ne mangent pas une poignée de foin, c'est-à-dire, jusqu'en avril ou mai. Or ses chevaux travaillent beaucoup, et sont en très-bon état. „

Après les fèves , on sème le blé, soit à la volée , soit au semoir de Ducket. En mars ou avril , on sème quinze à vingt livres de graine de trèfle par acre , sur le blé. Ce trèfle se coupe deux fois l'année suivante. „

„ Mr. Arbuthnot se borne au blé et aux fèves , parce que ces deux grains réussissent extrêmement bien sur son terrain ; l'avoine, qu'il a essayée, y manque quelquefois. L'orge n'y réussit point. Mais lors même qu'il pourrait avoir des récoltes de quarante bushels d'orge ou d'avoine par acre , le blé et les fèves lui donnent des récoltes si supérieures, qu'il n'y a pas à hésiter. „

„ Les fèves donnent de cinq à huit quarters (de 40 à 64 bushels) la moyenne , à raison de 30 sh. le quarter serait 9 liv. st. et 2 liv. st. le fourrage , c'est 11 liv. st. par acre. Le blé donne l'un portant l'autre , 36 bushels (1) par acre. A 40 shellings le quarter c'est 9 liv. st. ; la paille 2 liv. st., c'est 11 L.

____

(1) C'est au moins douze pour un.

st. l'acre. La première coupe du trèfle deux charretées par acre, la seconde une charretée et demie, à 40 shellings. Le pâturage qui succède, 10 shellings : en tout, 9 liv. st. 10 sh. C'est donc :

Pour les fèves	liv. st.	11
Pour le blé		11
Pour le trèfle		9. 10.
	st.	31. 10.
Moyenne	st.	10. 10 s.

„ Mr. Arbuthnot a eu de beaucoup plus fortes récoltes, mais je donne la moyenne. Il faut pourtant observer que c'est l'abondance des fumiers et la fréquence de la fumure, qui font produire de si énormes récoltes dans un tel terrain.

„ Comme cet excellent cultivateur n'occupe plus la ferme où il a suivi cet assolement, il est intéressant de savoir que Mr. Chambers, dont les possessions touchaient à celles de Mr. Arbuthnot, suit le même assolement depuis plusieurs années, avec un succès soutenu. Cet habile disciple de mon ami, suit cette méthode avec une persévérance, et des soins qui lui font beaucoup d'honneur. Il répand les engrais avec plus d'abondance qu'aucun cultivateur que je connaisse, et il n'épargne point les frais pour tenir ses récoltes nettes. „

Observations d'Arthur Young.

„ Lorsque Mr. Arbuthnot entreprit ce système, je fus d'avis qu'il ne réussirait pas; et voici quelles étaient mes raisons. „

„ 1°. Dans la formation des grands sillons de trente-deux pieds, il fallait accumuler, dans le centre, une trop grande quantité de terre végétale, et entamer, dans les côtés, l'argile pure du sol inférieur. „

„ 2°. Le trèfle revenant tous les trois ans, dans une terre où l'on sème déjà du trèfle depuis un siècle peut-être, le terrain devait s'en lasser, ainsi que cela a été observé dans diverses parties du Royaume, par les bons cultivateurs. Cela devait surtout arriver, parce que le trèfle se semait sur le blé : ce qui est une méthode bien moins bonne, pour en assurer la réussite, que de semer avec l'orge ou l'avoine. „

„Après avoir fait mes objections à Mr. Arbuthnot lorsqu'il projettait cet assolement, j'en ai suivi le progrès avec beaucoup de curiosité et d'intérêt, et je suis revenu de mon opinion. L'inconvénient d'accumuler la bonne terre au milieu du segment, et d'entamer l'argile, est bien réel ; mais il n'est pas aussi grand qu'on pourrait le croire. A-peu-près dans la moitié de ce segment de 32 pieds, la terre est accumulée, mais pas en telle quantité que les racines des plantes ne puissent profiter des couches inférieures ; et comme cette terre végétale est bien desséchée, son produit est probablement aussi fort que si elle était répandue également sur la surface du champ. „

„A trois ou quatre pieds des deux côtés des coulisses, il n'y aurait peut-être point de récolte, si l'on ne fumait pas. L'œil le moins exercé peut s'appercevoir que dans les grands sillons , la partie centrale , qui est bien égouttée , et profonde en bonne terre , donne des récoltes beaucoup plus fortes que la moyenne des terrains. A force de fumier , on réchauffe , et fait produire les bandes qui bordent les coulisses ; mais neuf années , dont j'ai vu l'effet , n'ont pas suffi pour les amener au point des parties centrales des segmens. (1)

„ Dans la méthode qu'on considère comme la plus parfaite (les billons de trois pieds à la manière d'Essex) il y a dans l'intervalle d'un billon à l'autre , un espace de six pouces , qui ne produit pas une plante : c'est donc la sixième partie de la surface du champ qui est perdue. A suivre la même proportion , il pourrait y avoir environ cinq pieds et

---

(1) Il y a une bonne raison pour qu'elles n'y arrivent jamais , quand bien même l'argile mûrie par le soleil , les labours et l'engrais , serait convertie en terreau : c'est que les eaux pluviales qui ont percé la couche remuée , et qui transsudent depuis le haut du segment , refroidissent sans cesse les racines des plantes dans le voisinage des coulisses , pendant la saison où cette circonstance est la plus fatale aux blés.

demi de perdus à l'endroit des coulisses : or la partie absolument perdue a tout au plus quatre pieds de large , si l'on peut appeler perdu , l'espace consacré à assurer le succès du reste du champ , par le desséchement parfait du terrain. „

„ En Essex , où les terres sont très argileuses et humides , le desséchement n'est point complet toutes les fois que les coulisses sont à plus de seize pieds de distance les unes des autres. Ici , au moyen de la courbure des grands sillons , il y a 32 pieds d'intervalle entre une coulisse et l'autre , ensorte qu'on gagne la moitié des frais des coulisses. Au reste , ce qu'on gagne , soit en dépense de desséchement , soit en surface de terrain , n'est point comparable à l'avantage de dessécher plus complettement. Les champs de Mr. Arbuthnot sont tous , sans exception , plus parfaitement égouttés qu'aucun, champ de terre également argileuse , que j'ai eu occasion d'observer dans aucun endroit où l'on laboure à plat. „

„ On fait encore une objection contre les

sillons relevés , c'est qu'ils empêchent de croiser les labours. Je pensais autrefois que les labours croisés étaient nécessaires ; je suis revenu de cette opinion : le croisement n'a d'autre avantage que de remédier à l'imperfection des labours précédens. Lorsqu'un mauvais laboureur a fait un labour inégal , quant à la profondeur , il faut croiser pour rendre une profondeur uniforme à la couche remuée ; mais si la charrue a fait ce qu'elle doit toujours faire, c'est-à-dire, renverser la terre en piquant à une profondeur uniforme dans tout le champ , le labour croisé est inutile. „

„ Il y a quelques auteurs , tels que Mr. Kent, Anderson et Wight , qui ont blâmé les hauts sillons ; cependant en Flandres tous les champs humides sont disposés de cette manière. Dans les comtés de Cambridge , de Huntingdon , et ailleurs , on les employe de même ; mais on n'a guères le soin de les faire droits ; et d'ailleurs on n'y met point de coulisses , ce qui fait une différence totale. „

„ Ma seconde objection , qui concernait

la durée du trèfle , n'a point paru fondée dans le cours des neuf ans. Les trèfles de Mr. Chambers , qui continue l'assolement , sont aussi beaux que la première année. Cela semblerait prouver que l'effet observé ailleurs sur l'affaiblissement du trèfle , par la répétition des récoltes , tient à quelque vice de culture ; car il paraît qu'une culture parfaite prévient cet inconvénient. „ (1)

„ Quant à la convenance de l'application de cette culture , elle doit dépendre de la facilité des débouchés. Le trèfle se vend si

------

(1) Il n'est pas douteux qu'on ne puisse combattre , à force d'art, les dispositions naturelles de la terre , et l'emporter sur ses répugnances les plus évidentes : c'est ainsi que l'on voit réussir d'année en année, dans un jardin , la même plante annuelle , sur le même sol, à force de fumier , de labours et de sarclages , quoique la terre aimât mieux changer de production : c'est ainsi encore qu'on voit dans la vallée de Glocester (Voy. *Rural œconomy of Glocestershire* par Marshall) des blés semés dans une terre qui en porte tous les ans , et qui viennent assez beaux , parce qu'on leur donne deux sarclages à la main. Cela ne change rien au principe.

cher dans les environs de Londres, que cet
assolement y est plus profitable qu'ailleurs.
Dans quelques parties du Royaume, le prix
du trèfle est si bas, que cet assolement pourrait n'être pas avantageux (1). Dans ces parties, il pourrait convenir d'alterner blé et
fèves, mais en suivant exactement les opérations telles qu'elles ont été indiquées. Il y a
des situations où la paille des grains de printemps aurait un grand prix , sans qu'on
puisse s'en procurer : dans ces endroits-là ,

---

(1) Il est singulier qu'un cultivateur aussi habile
qu'Arthur Young fasse ce raisonnement. Quand le
trèfle ne se vend pas à un haut prix, on le trouve
ce haut prix en faisant consommer le fourrage sur
la ferme, ainsi qu'Arthur Young le conseille lui-même
dans tous ses ouvrages, et avec tant de raison. D'ailleurs, quand au lieu de 9 L. 10 shellings sterlings,
l'année du trèfle n'en rendrait que cinq, ce serait
toujours 27 L. sts. sur les trois ans, c'est-à-dire, la
rente énorme de 9 L. sts. par acre de produit brut.
Quel est le pays de l'Europe où la rente des champs
est telle ? et comment peut-on dire que cet assolement ne serait pas avantageux là où le trèfle ne se
vendrait pas bien ?

il pourrait joindre l'avoine à cet assolement de terres argileuses ; et la rotation serait alors :

1 Fèves.
2 Avoine.
3 Trèfle.
4 Ble.

EXEMPLE DE L'ASSOLEMENT DE DEUX ANS ; FÈVES ET BLÉ, PAR LE DUC DE GRAFTON (tiré des annales d'Arthur Young.)

„ Je suis parvenu (dit l'auteur de l'expérience écrivant à Arthur Young, en date du 20 août 1799,) à la huitième année d'un assolement entrepris à votre recommandation. C'est le moment, je pense, de vous en rendre compte.

„ Le but de l'expérience était de savoir si nos terres froides des champs ouverts du Northampton - Shire pourraient porter tous les ans, alternativemement des fèves et du blé, en leur donnant, comme c'est l'usage pour ces terrains, une légère fumure de 12

à quinze charretées de fumier par acre , de
trois en trois ans. „

„ Pour que l'expérience fût plus probante ,
je choisis une terre médiocre , un peu argileuse , et fort inférieure aux meilleurs champs
communs que nous ayons. Je partageai la
pièce en deux parties égales ; et après avoir
fumé comme je viens de le dire , je semai une
moitié du champ en blé , et l'autre en fèves.
Depuis la première année , j'ai continué à
semer toujours en alternant , c'est-à-dire , en
mettant successivement le blé où étaient les
fèves , et les fèves où étaient le blé , sans
interruption. „

„ Je suis fâché de ne pouvoir mettre sous
vos yeux le calcul exact des produits pour
chaque année : malheureusement j'ai égaré
cette note. Ce que je sais très-bien , c'est que
la différence des récoltes de ce champ , pendant
les huit années , avec les récoltes de blé et de
fèves des autres champs de la ferme , est à
peine sensible. La troisième année et la
sixième se trouvant les plus éloignées de la
fumure ont été les moins bonnes , mais la

différence n'a pas été considérable. Les récoltes ont été en proportion de l'abondance de chaque année, pour les autres champs. Mon fermier dit que la partie du champ qui est la plus fertile a donné 32 bushels de blé et l'autre partie 28 bushels de blé par acre. Il croit le terrain en aussi bon état, à présent, que lorsque j'ai commencé l'expérience. Je pense que la terre a plutôt gagné quelque chose ; car le sarclage des fèves, qui a eu lieu tous les printemps, a si bien nettoyé le champ, que, cette année, malgré l'humidité de la saison, le blé est très-net. „

„ Cette expérience ne prouve pas qu'il n'y ait aucun cas où une jachère complette ne soit pas convenable ; mais j'affirme que dans des terrains semblables à celui de l'expérience, cette jachère n'est pas nécessaire. „

„ Pour établir cet assolement de deux ans dans tous les champs ouverts, il faudrait, je le sens, examiner d'abord s'il resterait assez de parcours pour les moutons : dans les fermes des terrains froids du Northampton, il y a peu de pâturage pour les troupeaux, et cependant on ne peut pas se passer de la ressource du parc, pour fumer les terres. Il y a beaucoup à dire là-dessus, mais je crois qu'on peut affaiblir l'objection, ou la détruire tout-à-fait. „

„ Je dois faire remarquer une circonstance de mon assolement qui mérite attention, c'est les récoltes de blé qui succédaient aux fèves fumées ont été plus belles que les récoltes de blé fumées. Je pense que la terre, se trouvant purgée des mauvaises plantes dont les graines avaient été apportées avec le fumier, et ayant néanmoins encore la force de produire, donnait, par cette raison, des récoltes plus abondantes.

„ Un de mes voisins, en voyant chez moi des résultats satisfaisans, a suivi mon exemple, avec une légère variante. Il fume tous les deux ans, en hiver après le blé. et sème ses fèves au printemps, sur sa terre fumée. Il n'a point éprouvé, non plus que moi, que les fèves fumées donnassent beaucoup en tiges et peu en grain. Nos fermiers le disent, mais cela me paraît un préjugé.

Observations

Observations d'*ARTHUR YOUNG*.

« C'est une des expériences les plus importantes qu'il fut possible de faire sur la culture de nos provinces du centre. Les résultats en sont applicables à toutes les terres argileuses. Les avantages de cet assolement de deux ans sont de toute évidence. Le public a une grande obligation à l'auteur de cette expérience ; c'est un objet dont j'ai souvent occupé mes lecteurs. Voilà un résultat démontré : n'écoutons plus là-dessus les gens à théories. „

je vais présenter un recueil de faits sur la culture d'un fermier de *Kent* (province de terres argileuses), lequel, pendant neuf années, et sur un espace de 351 acres de terres labourables, ne s'est pas permis une seule jachère, et n'a jamais fait revenir deux ans de suite des grains blancs. Au reste, il paraît qu'il a été plutôt conduit par le désir de varier les expériences, que, par celui de tirer un grand parti de ses terres. Il appelle *gain tou* ce dont la recette dépasse les frais de culture y compris l'engrais et *perte*, tout ce dont les frais excèdent les rentrées. Les expériences commencent en 1791 et finissent en 1799. Je tire ce détail des annales d'Arthur Young.

N°. 1. *Champ de 22 acres.*

Assolement.	Gain.		
	Sterl.	Sh.	D.
1 Blé	35	12	2
2 Trèfle	23	2	—
3 Blé	75	18	6
4 Pommes de terre	109	18	9
5 Avoine	76	1	6
6 Pois et fèves	1	13	—
7 Blé	78	3	3
8 Trèfle	21	5	—
9 Blé	144	19	3

N°. 2. *Champ de 18 ½ acres.*

	Sterl.	Sh.	D.
1 Fèves et orge (1)	56	11	3
2 Fèves et blé	56	9	6

---

(1) Quand il y a deux productions dans le même numéro, cela signifie que l'on a semé deux différens grains dans deux parties du même champ.

Assolement.	Gain.		
	Sterl.	Sh.	D.
3 Trèfle et Blé	67	—	6
4 De même	86	12	6
5 Fèves et blé	140	7	4
6 Pommes de terre	174	2	3
7 Avoine.	84	7	6
8 Fèves . . . . perte	3	13	—
9 Blé	247	17	6

N°. 3. *Champ de* $4\frac{3}{4}$ *acres.*

1 Fèves.	4	1	4
2 Blé.	8	9	1
3 Trèfle	29	11	1
4 Blé	20	3	6
5 Pommes de terre	55	19	6

N°. 6. *Champ de* 11 *acres.*

1 Houblon, trèfle et luzerne,	2	10	—
2 Dit —— blé —— dite. .	26	9	3
3 Carottes et choux . . perte	21	12	4
4 Orge	60	2	—
5 Fèves	30	7	6
6 Blé	84	7	6
7 Trèfle	29	3	6

N°. 7. *Champ de 11 ½ acres.*

Assolement.	Gain.		
	Sterl.	Sh.	D.
1 Pommes de terre	50	10	2
2 Blé	16	15	1
3 Trèfle	10	10	—
4 Blé	22	11	—
5 Pommes de terre	57	18	11
6 Avoine	20	1	—
7 Trèfle	15	5	—
8 Blé	53	16	9
9 Pois et fèves	45	1	6

N°. 8. *Champ de 4 ¼ acres.*

	Sterl.	Sh.	D.
1 Luzerne	4	4	9
2 De même	4	18	9
3 De même	18	11	9
4 Luzerne et orge	15	11	—
5 Luzerne et fèves	26	10	6
6 Luzerne et blé	8	15	3
7 Luzerne et trèfle	29	—	6
8 Pommes de terre et blé. Perte	4	12	3
9 Fèves et turneps	15	4	3

N°. 9. *Champ de* 19 ¼ *acres.*

Assolement.		Gain.		
		Sterl.	Sh.	D.
1 Turneps et blé. . . . perte		40	15	7
2 Orge et trèfle		40	5	8
3 Fèves et blé , ...		39	17	6
4 Blé . . . . perte		16	16	3
5 Orge et chicorée		44	—	6
6 Pois et blé		67	19	3
7 Blé et pommes de terre . .		89	10	6
8 Sainfoin et avoine		29	17	6
9 Sainfoin		60	—	9

N°. 10. *Champ de* 13 *acres.*

Assolement.	Sterl.	Sh.	D.
1 Turneps et p[mes]. de ter . perte	41	16	5
2 Avoine	43	15	1
3 Pois	22	17	6
4 Blé	29	6	6
5 Chicorée	19	18	6
6 De même et blé	69	—	6
7 Pommes de terre	74	5	—
8 Avoine	41	5	3
9 Fèves	15	18	6

N°. 11. *Champ de 6 ¼ acres.*

Assolement.		Gain.		
		Sterl.	Sh.	D.
1 Avoine		1	8	1
2 Sainfoin . . . . . . perte		10	4	6
3 Blé . . . . perte		3	10	9
4 Gesces . . . . perte		3	14	6
5 Pommes de terre . . perte		4	—	—
6 Orge		17	19	4
7 Sainfoin		8	10	6
8 De même		18	18	—
9 De même		20	19	6

N°. 12. *Champ de 8 ½ acres.*

	Sterl.	Sh.	D.
1 Pimprenelle	8	15	9
2 De même	26	9	3
3 De même	40	4	9
4 De même	30	4	3
5 De même	16	4	3
6 De même	4	19	3
7 Pois . . . . perte	13	11	6
8 Gesses . . . . perte	17	9	6
9 Orge	39	8	9

N°. 13. *Champ de 9 acres.*

Assolement.	Gain.		
	Sterl.	Sch.	D.
1 Sainfoin . . . . perte	3	16	6
2 De même	6	11	—
3 De même	13	1	—
4 Avoine et pois . . . perte	9	7	6
5 Turneps . . . . . . perte	49	12	6
6 Avoine	32	9	—
7 Fèves . . . . perte	4	10	6
8 Blé	48	18	—
9 Trèfle	12	3	—

N°. 14. *Champ de 12 ½ acres.*

	Sterl.	Sch.	D.
1 Sainfoin	3	18	—
2 Pois et gesses 3 Gesses et pois	37	7	6
4 Turneps . . . . . . perte	33	1	3
5 Orge	92	4	9
6 Fèves	5	17	6
7 Blé	66	14	3
8 Trèfle	29	9	6
9 Blé	104	15	6

N°. 15. *Champ de 11 ¾ acres.*

Assolement.	Gain.		
	Sterl.	Sh.	D.
1 Pois et turneps.	21	—	—
2 Orge	30	19	6
3 Fèves . . . . Perte	—	14	6
4 Turneps parmi l'orge et les feves	49	6	3
5 Fèves	39	2	6
6 Blé	59	18	6
7 Trèfle	49	2	9
8 Blé	75		
9 Pommes de terre	290	10	10

N°. 16. *Champ de 7 acres.*

Assolement	Sterl.	Sh.	D.
1 Pommes de terre	20		
2 Blé	2	11	6
3 Trèfle	16	8	6
4 Blé	—	18	—
5 Sarrasin . . . . . . perte	1	11	3
6 Trèfle et plantain . . perte	3	3	—
6 De même . . . . . perte	3	5	—
8 De même	4	4	—
9 De même	4	7	6

N°. 17. *Champ de 7 acres.*

Assolement.		Gain.		
		Sterl.	Sh.	D.
1 Blé		8	2	6
2 Chicorée . . . . . . perte		17	4	—
3 Chicorée		80	4	—
4 De même		56	16	6
5 De même		6	5	—
6 Chicorée et luzerne . . .		15	9	6
7 De même		11	19	6
8 De même		8	4	—
9 De même pâturée		4	18	6

N°. 18. *Champ de 4 ½ acres.*

Assolement.	Sterl.	Sh.	D.
1 Blé	3	18	3
2 Trèfle	1	—	—
3 Blé	22	19	—
4 Pommes de terre	43	12	5
5 Avoine	12	1	3
6 Sarrasin	4	12	—
7 Fèves	5	12	9
8 Blé	20	—	6
9 Trèfle	15	4	—

N°. 19. *Champ de 5 acres.*

Assolement.		Gain.		
		Sterl.	Sh.	D.
1	Blé	7	2	9
2	Trèfle	0	0	0
3	Blé	20	3	8
4	Sarrasin	13	5	9
5	Pommes de terre	29	5	4
6	Avoine	8	3	6
7	Fèves	11	8	—
8	Blé	36	8	—
9	Trèfle	6	15	—

N°. 20. *Champ de 6 acres.*

Assolement.			Sterl.	Sh.	D.
1	Houblon	perte 39	7	—
2	De même	perte 2	6	4
3	De même	perte 34	17	6
4	De même	39	—	9
5	Fèves	8	18	9
6	Blé	41	5	—
7	Pommes de terre	61	18	6
8	Avoine	25	6	6
9	Fèves	34	—	—

Nº. 21. *Champ de 7 acres.*

Assolement.	Gain. Sterl.	Sh.	D.
1 Blé	20	3	9
2 Pommes de terre	76	17	3
3 Avoine	40	—	—
4 Fèves	18	2	6
5 Avoine	40	11	6
6 Trèfle	25	17	6
7 Blé	46	2	—
8 Pommes de terre	73	5	6
9 Avoine	50	9	6

Nº. 25. *Champ de 22 ½ acres.*

		Sterl.	Sh.	D.
1 Pois et avoine		21	9	—
2 Pois	perte	47	—	9
3 Turneps et orge		36	10	9
4 Pois et fèves		9	6	—
5 Blé		160	6	—
6 Trèfle		73	16	—
7 Blé		114	9	—
8 Pois et turneps . . .	perte	90	14	9
9 Orge		236	4	—

N°. 26. *Champ de 4 ½ acres.*

Assolement.	Gain.		
	Sterl.	Sh.	D.
1 Blé	17	1	—
2 Choux . . . . perte	16	4	—
3 Orge	23	4	6
4 Fèves	2	5	3
5 Blé	22	13	3
6 Trèfle	7	15	—
7 Blé	28	2	6
8 Pois . . . . perte	16	9	—
9 Avoine	39	13	—

N°. 27. *Champ de 7 acres.*

Assolement	Sterl.	Sh.	D.
1 Orge	20	15	7
2 Fèves	8	12	6
3 Blé	26	10	—
4 Trèfle	7	3	6
5 Blé	17	8	10
6 Pommes de terre	33	14	4
7 Orge	16	15	3
8 Pois . . . . perte	1	5	—
9 Orge et choux	12	7	3

N°. 28. *Champ de* 9 $\frac{1}{4}$ *acres.*

Assolement.		Gain.		
		Sterl.	Sh.	D.
1 Sainfoin . . . . perte		—	13	9
2 De même		21	4	—
3 De même		20	9	6
4 De même		16	19	6
5 De même		9	7	6
6 De même		20	3	6
7 Pois		4	18	6
8 Turneps et choux . . perte		55	13	6
9 Avoine		100	1	6

N°. 29. *Champ de* 29 $\frac{1}{2}$ *acres.*

1 Sainfoin		12	10	—
2 De même		16	10	—
3 De même		25	18	4
4 De même		40	4	9
5 Pois		38	15	—
6 Fèves et turneps . . . perte		7	18	9
7 Orge		141	18	—
8 Fèves . . . . perte		58	14	6
9 Blé		191	16	—

N°. 30. *Champ de 8 ½ acres.*

Assolement.		Gain Sterl.	Sh.	D.
1 Pois . . . . perte		11	14	3
2 Blé . . . . perte		11	4	3
3 Trèfle		6	18	9
4 Blé		36	6	9
5 Pois . . . . perte		21	—	6
6 Orge		44	19	3
7 Fèves		4	17	—
8 Blé		22	9	—
9 Sainfoin		11	18	—

N°. 31. *Champ de 2 ¾ acres.*

1 Avoine		—	12	—
2 Fèves		0	0	0
3 Orge		2	10	3
4 Sainfoin		5	3	6
5 De même		6	18	6
6 De même		8	10	—
7 De même		7	1	—
8 De même		6	12	
9 De même		6	12	

N°. 32. *Champ de 9 acres.*

Assolement.	*Gain.*		
	Sterl.	Sh.	D.
1 Blé	20	13	6
2 Sainfoin	6	7	6
3 De même	44	19	6
4 De même	32	19	6
5 De même	26	15	6
6 De même	27	7	6
7 De même	8	—	6
8 Avoine	14	8	9
9 Pois . . . . perte	31	13	6

N°. 33. *Champ de 6 acres.*

		Sterl.	Sh.	D.
1 Pois . . . . perte		5	19	2
2 Blé . . . . perte		8	11	3
3 Sainfoin		11	11	6
4 De même		16	18	—
5 De même		15	15	—
6 De même		19	—	—
7 De même		12	11	2
8 De même		4	18	—
9 Pois		16	18	—

N°. 34. *Champ de 3 acres.*

Assolement.		Gain.		
		Sterl.	Sh.	D.
1 Avoine		6	5	3
2 ⎫				
⎬ Fèves et blé		17	12	1
3 ⎭				
4 Sainfoin		3	1	6
5 De même		6	16	6
6 De même		8	3	6
7 De même		6	17	—
8 De même		8	7	—
9 De même		6	7	—

N°. 35. *Champ de 7 ½ acres.*

		Sterl.	Sh.	D.
1 Fèves . . . . perte		5	16	11
2 Blé		18	5	3
3 Trèfle		16	2	6
4 Blé		51	1	—
5 Fèves		9	5	—
6 Blé		37	—	9
7 Turneps . . . . . . perte		36	2	6
8 Orge		40	8	—
9 Fèves		22	19	6

N°. 36.

N°. 36. *Champ de 28½ acres.*

Assolement.	Gain. Sterl.	Sh.	D.
1 Trèfle	3	15	6
2 Blé	68	13	—
3 Pommes de terre	162	9	6
4 Avoine	119	13	1
5 Pois . . . . perte	—	13	6
6 Blé, orge et pommes de terre	161	11	1
7 Avoine et Fèves	14	14	—
8 Turneps et fèves . . perte	16	11	—
9 Blé	85	19	—

N° 37. *Champ de 6 acres.*

Assolement.	Gain. Sterl.	Sh.	D.
1 Trèfle et luzerne	6	16	—
2 Blé et luzerne	17	17	6
3 Sarrasin et luzerne	16	3	6
4 Pois et luzerne	9	4	6
5 Pois et orge	17	—	6
6 Pois et pimprenelle . . .	13	12	6
7 Pimprenelle et p^{mes}. de terre	23	9	—
8 Blé	20	12	—
9 Trèfle	3	18	—

O

N°. 38. *Champ de 16 acres.*

Assolement.	Gain Sterl.	Sh.	D.
1 Blé	15	1	—
2 Pommes de terre	113	8	7
3 Avoine	57	6	6
4 Trèfle	16	8	—
5 Blé	84	17	6
6 Sainfoin	51	4	—
7 De même	55	19	—
8 De même	43	8	—
9 Pois	48	18	—

N°. 39. *Champ de 3 ¼ acres.*

Assolement.	Gain Sterl.	Sh.	D.
1 Blé	12	8	9
2 3 { Pois et blé . . . . perte	1	12	8
4 Trèfle	8	12	3
5 Blé	15	9	8
6 Chicorée.	4	4	6
7 Blé	6	1	9
8 Pommes de terre et chicorée.	15	7	—
9 Avoine.	17	16	6

C'est grand dommage que l'auteur de ces expériences, qui s'est montré capable de beaucoup d'exactitude et de persévérance, n'ait pas fait connaître, avec quelque détail, les circonstances de chaque pièce de champs soumise à ces divers assolemens. Il faudrait savoir, 1°. quelle est précisément la nature de la terre, dans sa vraie nuance; car ce n'est point assez de savoir que les terres de cette ferme sont argileuses, il serait à desirer qu'on sût jusqu'à quel point elles retiennent les eaux, et sur tout quelle est la nature du sol inférieur. 2°. Il serait utile de savoir, pour chaque champ, ce qu'on a fait pour le le dessécher, de quelle manière on le laboure, la fréquence des labours, l'abondance et le genre des engrais, et la fréquence des fumures. 3°. Il faudrait savoir en quel état, quant à la force productive, était chaque champ en commençant le cours des récoltes; quelle culture avait précédé; dans quel état, quant à la netteté de la terre, chaque champ se trouvait après une récolte améliorante ou épuisante; et enfin dans quel état les champs étaient en 1800, à la fin de ces neuf ans sans aucun repos. 4°. Il serait utile de savoir sur quel plan l'auteur a

O o

établi ses assolemens. Il semble qu'il ait plutôt visé à varier ses expériences de différentes manières, qu'à obtenir un profit considérable. 5°. Il faudrait savoir comment il établit ses comptes de dépenses et de recettes,
comment il estime ses labours et ses cultures,
ce que coûtent les grains et les fourrages,
comment il estime ce qu'il consomme dans
sa ferme, ce que les pommes de terre se ven-
dent dans l'endroit où il exploite; enfin il
faudrait savoir si les engrais sont toujours
comptés à la charge de l'année seulement,
ou bien si une partie est imputée à la récolte
suivante. 6°. Il faudrait savoir si l'année a
été sèche ou humide, si les labours et les
sarclages ont pu se faire convenablement, et
en quel nombre ils ont eu lieu. Tout cela
aiderait à faire comprendre pourquoi telle ou
telle année, telle ou telle production, donne
du profit ou de la perte, quand l'analogie
indiquerait le contraire.

Malgré ces omissions essentielles, ces
expériences présentent une masse de faits
importans : essayons de les faire ressortir.

1°. Les pommes de terre donnent un

grand bénéfice dans cette ferme, apparemment parce qu'elle est située de manière à ce que l'écoulement en soit facile et avantageux.

2°. Les pois donnent presque toujours de la perte ; et le cultivateur semble occupé de bien constater que c'est une récolte ruineuse, car on le voit rompre des sainfoins et de la pimprenelle en plein rapport, pour semer des pois, malgré l'expérience répétée de leur non réussite.

3°. Il paraît beaucoup plus avantageux de faire succéder aux pommes de terre l'avoine ou l'orge (quoique le genre de terrain ne convienne pas à celle-ci) que le blé.

4°. Les assolemens qui réussissent le mieux sont les suivans : trèfle , blé , pommes de terre, avoine. — fèves, blé, trèfle, blé. —

En général, le blé est beau après les fèves, et on voit que la chicorée, la pimprenelle et le sainfoin font fort bien dans ces assolemens , ce qui doit faire conjecturer que la sol inférieur est crayeux ou léger , ou du moins perméable aux eaux et aux racines pivotantes.

Quoique ces rotations semblent , ainsi que je l'ai dit , avoir été combinées pour multiplier les essais , et non pour obtenir un profit considérable , cependant le résultat moyen de cette agriculture , où l'on ne laisse rien en jachère , est extrêmement satisfaisant. Si l'on déduit de la somme totale de l'excédent des rentrées sur les déboursés , la somme totale du déficit pris sur les 351 acres , et les neuf années , on trouve la somme de 8011 l. st. 3 s. 1 d. , qui divisée par 9 , donne pour le produit moyen annuel de 351 acres 890 l. st. 2 s. 9 d. , c'est-à-dire, 2 l. st. 11 s. par acre de champs labourables.

En consultant le *Six months tour* d'Arthur Young, pour se faire une idée de la rente moyenne des fermes en 1770 , sur un espace de *soixante - dix mille acres* , pris principalement dans les provinces de terres argileuses, nous trouvons, 1°. que l'étendue des prés dans la moyenne des fermes observées , est égale à

celle des champs, et que par conséquent pour
la ferme dont il s'agit, nous pouvons supposer
à-peu-près 350 acres de prés ou pâturages, soit
700 acres d'étendue totale; 2°. nous voyons que
la moyenne du prix de ferme sur les 70,000
acres observés, est de 9 shel. 3 d. par acre; 3°.
que si nous prenons la moyenne du prix de
ferme sur les domaines d'environ 700 acres, il
est à-peu-près de 10 shel. l'acre.

En supposant que le fermier tire communément de la terre, en produit brut, trois fois la
rente qu'il donne au propriétaire (et cette supposition ne s'éloigne pas du vrai, en thèse générale) ce serait de 28 à 30 shel. l'acre que les
fermes rendraient communément, en produit
brut. Mais si l'on compte séparément ce que,
dans l'agriculture des jachères, les champs de
terre argileuse rendent, par comparaison aux
prés ou pâturages, on verra qu'à égal nombre
d'acres dans chaque ferme, les prés rendent
beaucoup plus que les champs. Cependant ici
il n'est question que de champs, et au lieu de
29 sh. de produit brut par acre, nous en avons
51 de produit net; (1) ce qui revient à environ

____

(1) Il faut observer que, dans le calcul du fermier
de Kent, les frais de culture sont prélevés. En supposant ces frais de culture à la moitié du produit brut,

41 francs de France de produit net annuel pour chaque espace de terrain où l'on sème 5 myria-grammes de froment (un quintal). Que l'on compare ce résultat avec celui du calcul que j'ai fait en traitant de la jachère-morte à six labours ; qu'on n'oublie pas que j'ai fait ce calcul des frais sur la moyenne des terrains de la France, c'est-à-dire, légers comme argileux, au lieu qu'ici il s'agit de terres argileuses ; et qu'enfin l'on veuille bien observer que les assolemens de l'expérience de Kent sont évidemment susceptibles d'être mieux réglés, quant au profit.

Expériences d'ARTHUR YOUNG.

Je vais tirer des numéros 132 et 133 des Annales d'Arthur Young, l'extrait d'une belle expérience de six années sur 36 assolemens différens dans un mauvais prés rompu qui était affermé 15 shel. l'acre , quand les assolemens furent entrepris. Le terrain est une terre végétale un peu sablonneuse, mais froide. Elle était naturellement humide, et avait été desséchée par des coulisses. Le sol inférieur est une glaise marneuse.

---

et le prix de ferme à un tiers de ce même produit, il en résulterait que ce fermier peut donner au propriétaire le prix énorme de 34 shellings l'acre , moyennant l'exclusion des jachères.

Les récoltes ont toujours été recueillies et battues séparément, pour éviter toute confusion. Voici les prix auxquels les productions sont estimées : Les turneps, tout charriés, 4 shel. la tonne (à-peu-près 20 quintaux ;) les choux 5 shel. ; le blé 5 shel. le bushel ; j'orge 2 shel. 6 d. ; les fèves 3 shel. ; les pommes de terre 6 pence le bushel ; et l'avoine 2 shel. 3 p. Tout est rapporté au produit brut de l'acre, et sans déduction des frais.

Nᵒ. I.

		Sterl.	Sh.	D.
1. Fèves.	25 bushels. . .	4	5	—
2. Turneps . . .	8 tonnes 6 qˣ.	1	13	—
3. Blé.	21 bushels. . .	5	15	—
4. Pom. de terre				
fumées . .	134 bushels . .	5	17	—
5. Fèves	24 bushels . .	4	2	—
6. Blé	27 bushels . .	7	5	—
	L. Stᵍ. . .	28	17	—

Soit 4 L. stᵍ. 16 sh. par acre annuellement.

L'auteur observe que les produits de cet assolement ne sont pas considérables pour une terre neuve ; que les turneps ne payeraient pas leurs frais de culture, à ce taux, et qu'en imputant aux pommes de terres le fumier qu'il y a mis, leur année donnerait 5 l. st. de perte (1) par acre.

N°. I I.

		Sterl.	Sh.	D.
1 Fèves. . . .	24 bushels . .	4	2	9
2 Choux . . .	6½ tonnes . .	1	12	6
3 Blé.	21 bushels . .	5	15	—
4 Choux. . . .	7 tonnes . .	1	15	—
5 Fèves. . . .	29 bushels . .	5	3	—
6 Blé	27 bushels . .	7	6	—
	L. st^g. . . .	25	13	3

Soit 4 l. st^g. 5 sh. 6 d. par acre.

Cet assolement donne plus de profit, parce qu'il n'y a point de frais de fumure. La terre s'est améliorée pendant les six ans, à en juger par la dernière récolte de blé.

---

(1) Il faut dire, en général, sur les récoltes de pommes de terre dont il est question dans ces expériences, que le prix de 6 pences le bushel (à-peu-près un franc les cinq myriagrammes (le quintal) est excessivement bas.

N°. III.

			Sterl.	Sh.	D.
1 Fèves	25 bushels . .		4	5	9
2 Pom. de terre.	150 bushels. .		3	15	—
3 Blé	18 $\frac{1}{2}$ bushels .		5	2	6
4 Choux . . .	5 $\frac{1}{2}$ tonnes . .		1	7	6
5 Fèves	29 bushels . .		4	17	—
6 Blé	25 bushels . .		6	15	—
	L. st^g		26	2	9

Soit 4 l. st. 7 sh. 1 d. par acre.

Les pommes de terre n'étant point fumées,
ont peu rendu, et le blé qui les suit est misérable. En terre froide les pommes de terre
ne doivent pas être cultivées sans fumier:
en terre séche, elles rendent bien sur un
gazon rompu. La supériorité de la récolte de
blé à la sixième année, sur celle de la troisième, est remarquable, et fait bien l'éloge
des fèves, car il n'y a point de fumure dans
tout l'assolement.

N°. IV.

1 Fèves	25 bushels . .		4	5	9
2 Fèves	34 bushels . .		5	12	—
3 Blé	19 $\frac{1}{2}$ bushels .		5	7	6

		Sterl.	Sh.	D.
4 Choux.	6½ tonnes. .	1	12	6
5 Fèves. . . .	52 bushels. .	5	6	—
6 Blé	25 bushels. .	6	15	—
L. st^g. . . .		28	18	9

Soit 4 l. st^s. 16 sh. par acre.

On voit par les cinquième et sixième
années, que les fèves ont maintenu toute la
fertilité du sol, en qualité de vieux pré. Il
faut comparer ces deux dernières années,
avec les deux dernières du N° Ier. qui sont
aussi fèves et blé. Ces deux années réunies,
dans le N°. Ier., ne font que 51 bushels, et
dans le N°. 4 elles font 57 bushels : cependant il y a une fumure dans l'assolement
N°. Ier., et point dans le N°. 4.

<h3 style="text-align:center">N°. V.</h3>

		Sterl.	Sh.	D.
1 Fèves. . . .	26 bushels. .	4	8	—
2 Orge	26 bushels. .	5	10	7
3 Blé.	18 bushels. .	5	—	—
4 Orge	16 bushels ½.	2	11	5
5 Fèves. . . .	16 bushels. .	2	18	—
6 Blé	15 bushels. .	4	5	—
L. st^g. . . .		24	13	—

Soit 4 l. st^g. 2 d. par acre.

Voilà un exemple de l'épuisement produit par les grains blancs, lorsqu'ils se succèdent sans interruption. Les trois premières récoltes sont passables, à cause de l'influence du gazon ; mais si l'on additionne les produits des trois dernières, leur somme est inférieure de 5 l. st. à la somme des trois premières. Or, avec un bon assolement, les produits augmentent au lieu de diminuer, donc la différence est énorme en définitif. L'acre aurait été cher à 11 shel. de ferme à la septième année, tandis qu'il en valait quinze en commençant l'assolement.

N°. V I.

			Sterl.	Sh.	D.
1	Fèves.	27 bushels. .	4	5	5
2	Blé.	23 bushels. .	6	5	—
3	Blé.	14 bushels. .	4	—	—
4	Blé	16 bushels. .	5	2	6
5	Fèves. . . .	15 bushels. .	2	15	—
6	Blé'. . . . . ,	12 bushels. .	3	10	—
	L. st^g.		25	17	11

Soit 4 l. st^g. 6 sh. 3 d. par acre.

Mêmes résultats des récoltes répétées de grains blancs. Les fèves de la cinquième année ne rendent pas de quoi couvrir les frais de sarclage ; et le blé de la sixième année est détestable : la terre est trop épuisée et trop sale, après la quatrième récolte, pour qu'une récolte de fève puisse la remettre.

N°. V I I.

			Sterl.	Sh.	D.
1	Fèves....	24 bushels..	4	2	—
2	Turneps..	4 tonnes..	—	16	—
3	Fèves....	42 bushels..	6	16	—
4	Pom. de terre fumées...	234 bushels..	5	17	—
5	Fèves....	24 busbels..	4	2	—
6	Blé.....	28 bushels..	7	10	—
	L. st⁵....		29	3	—

Soit 4 l. st⁵. 17 sh. 2 d. par acre.

Il n'y a eu qu'une seule récolte de grains blancs, et cependant le résultat s'élève très-haut, en produit pécuniaire, et le terrain demeure parfaitement net.

N°. V I I I.

			Sterl.	Sh.	D.
1	Fèves....	25 bushels..	4	5	—
2	Choux....	6 tonnes..	1	10	—

			Sterl.	Sh.	D.
3	Fèves. . . .	40 bushels. .	6	10	—
4	Choux. . . .	6 ½ tonnes .	1	12	6
5	Fèves. . . .	34 bushels. .	5	12	—
6	Blé.	30 bushels. .	8	—	—
	L. st⁵. . . .		27	9	6

Soit 4 l. st⁸. 11 sh. 7 d. par acre.

Quoiqu'il n'y ait encore ici qu'une récolte de grains blancs sur les six ans , l'assolement est profitable , et laisse le terrain net comme un jardin.

N⁰. I X.

			Sterl.	Sh.	D.
1	Fèves. . . .	24 bushels. .	4	2	—
2	Pom. de terre.	147 bushels. .	3	13	—
3	Fèves. . . .	32 bushels. .	5	6	—
4	Choux . . .	6 ½ tonnes .	1	12	6
5	Fèves. · . .	34 bushels. .	5	12	—
6	Blé.	29 bushels. .	7	15	—
	L. st⁸. . . .		28	—	6

Soit 4 l. st⁸. 4 sh. 6 d. par acre.

Même avantage que dans le précédent N⁰. quoiqu'il n'y ait également qu'une récolte de grains blancs. Les pommes de terre rendent

le profit pécuniaire moindre , à cause du bas
prix où elles sont estimées , et des frais de
culture qu'elles exigent.

N°. X.

			Sterl.	Sh.	D.
1 Fèves. . . .	24 bushels . .		4	2	—
2 Fèves. . . .	32 bushels . .		5	6	—
3 Fèves. . . .	40 bushels . .		6	4	—
4 Choux . . .	8 $\frac{1}{2}$ tonnes . .		2	2	6
5 Fèves. . . .	32 bushels . .		5	6	—
6 Blé	33 bushels . .		8	15	—
	L. st^g. . . .		31	15	6

Soit 5 l. st^g. 5 sh. 11 d. par acre.

Il est bien remarquable , qu'en se succé-
dant, les fèves s'améliorent d'année en année.
Les choux sont beaux. La quatrième récolte
de fèves est encore très - belle ; et le blé
donne onze pour un. Quelle belle expérience
en faveur des fèves ! quelle comparaison avec
les assolemens où les grains blancs se répètent !
Il serait difficile de mieux prouver par les
faits que le cultivateur doit, pour son propre
profit , ménager beaucoup les terres nouvelles.

N°. X I.

N°. XI.

			Sterl.	Sh.	D.
1 Fèves	24 bushels . .		4	2	9
2 Orge	39 bushels . .		5	7	6
3 Fèves . . .	32 bushels . .		5	6	—
4 Orge	44 bushels . .		7	—	—
5 Fèves	33 bushels . .		5	9	—
6 Blé	25 bushels . .		6	15	—
	L. st^g		34	—	3

Soit 5 l. st^g. 13 sh. 4 d. par acre.

Très-bon assolement , et qui donne un grand profit : cependant par comparaison avec le précédent , il y a épuisement , car ici le blé de la sïxième année ne rend pas $8\frac{5}{3}$ pour un , au lieu de onze.

N°. XII.

			Sterl.	Sh.	D.
1 Fèves . . .	24 bushels . .		4	2	—
2 Blé	$22\frac{1}{2}$ ———— . .		6	2	—
3 Fèves . . .	$26\frac{1}{2}$ ———— . .		4	9	6
4 Blé	$27\frac{1}{4}$ ———— . .		7	8	9
5 Fèves . . .	24 ———— . .		4	2	—
6 Blé	24 ———— . .		6	10	—
	L. st^g		32	14	3

Soit 5 l. st^g. 9 sh. 1. d. par acre.

P

Excellent assolement. Sans addition d'aucun
engrais, le gazon soutient son influence féconde, au moyen des fèves. La dernière
récolte de blé, quoique moins bonne que la
seconde, est plus belle que la première, et
donne encore huit pour un.

N°. X I I I.

			Sterl.	Sh.	D.
1 Turneps . . .	3 tonnes . .		—	12	—
2 Turneps . . .	$5\frac{1}{2}$ tonnes . .		1	2	—
3 Avoine. . .	72 bushels . .		8	12	—
4 Pom. de terre.					
fumées . .	252 ———— . .		6	6	—
5 Fèves . . .	25 ———— . .		4	5	—
6 Blé	27 ———— . .		7	6	—
	L. st^s. . . .		28	3	—

Soit 4 l. st_g. 13 sh. 8 d. par acre.

La récolte d'avoine était très - belle. Si le
terrain eût été sec, et que les turneps eussent
pu être mangés sur la place, elle aurait été
encore plus forte. Comme les pommes de
terre sont fumées, elles ne laissent rien *en
profit*.

N°. XIV.

			Sterl.	Sh.	D.
1 Turneps . .	3 tonnes . .	—	12	—
2 Choux. . .	6 ——— . .	1	10	—
3 Avoine. . .	85 $\frac{1}{2}$ bushels . .	10	2	4
4 Choux. . .	8 tonnes . .	2	—	—
5 Fèves . . .	29 bushels . .	5	17	—
6 Blé	24 ——— . .	6	10	—

L. st^g . . . 26 11 4

Soit 4 l. st^g. 8 sh. 6 d. par acre.

La récolte d'avoine est extraordinaire. Les choux, qui la préparent, paraissent ici à leur avantage. Si le blé de la sixième année ne donne que 8 pour un au lieu de 9, comme dans le N°. XIII, c'est qu'il n'y a point de fumier dans ce cours : cet assolement laisse plus de profit que le précédent.

N°. XV.

1 Turneps . .	3 $\frac{1}{2}$ tonnes . .	—	14	—
2 Pom. de terre.	154 bushels . .	3	17	—
3 Avoine . . .	69 $\frac{3}{4}$ ——— . .	8	1	11
4 Choux . . .	8 tonnes . .	2	—	—

			Sterl.	Sh.	D.
5 Fèves	29 bushels . .		4	17	—
6 Blé	25 ——— . .		6	15	—
		L. st⁵ . .	26	6	11.

Soit 4 l. st⁵. 7 sh. 9 d. par acre.

Il paraît que les pommes de terre épuisent
plus que les turneps ou les choux; car en
comparant la récolte d'avoine avec les récoltes
d'avoine des deux assolemens précédens, on
voit qu'il ne peut point y avoir d'autre cause
de son infériorité.

N°. XVI.

			Sterl.	Sh.	D.
1 Turneps . . .	3 tonnes . .		—	12	—
2 Fèves	24 bushels . .		5	6	—
3 Avoine . . .	71 ——— . .		8	9	9
4 Choux . . .	6 tonnes . .		1	10	—
5 Fèves	30 bushels . .		5	—	—
6 Blé	26 ——— . .		7	—	—
		L. st⁵ . .	27	17	9

Soit 4 l. st⁵. 17 sh. 9 d. par acre.

Ce cours est réellement plus profitable que
le précédent, parce que les travaux exigés

par les fèves sont moins chers que ceux des pommes de terre. Au reste, il faut toujours se souvenir que les pommes de terre sont estimées très-bas.

N°. XVII.

		Sterl.	Sh.	D.
1ʳ Turneps . . .	3½ tonnes . .	—	14	—
2 Orge	40 bushels . .	5	—	7
3 Avoine . . .	45 ————— . .	5	11	3
4 Orge	32 ————— . .	4	10	—
5 Fèves	24 ————— . .	4	2	—
6 Blé	16 ————— . .	4	10	—
	L. stᵍ . .	24	7	10

Soit 4 l. stᵍ. 1 sh. 2 d. par acre.

La terre demeure fort sale, et le produit du blé est très-faible, dans la même année où d'autres divisions en blé produisent abondamment. La terre est donc épuisée par les trois récoltes de grains blancs qui ont précédé ; et enfin l'assolement donne peu de profit.

P 3

N°. XVIII.

			Sterl.	Sh.	D.
1 Turneps . . .	3 tonnes . .	—	12	—
2 Blé	23 bushels . .	6	5	—
3 Avoine . . .	$38\frac{1}{4}$ ——— . .	4	16	1
4 Blé	19 ——— . .	5	5	4
5 Fèves	16 ——— . .	2	18	—
6 Blé	15 ——— . .	4	5	—
	L. st^g . . .	24	1	5

Soit 4 l. st^g. — 2 d. par acre.

Encore plus mauvais que le précédent. Les trois récoltes de blé laissent la terre dans un état d'épuisement et de saleté extrême.

N°. XIX.

		Sterl.	Sh.	D.
1 Pom. de terre. 106 bushels . .	2	13	—
2 Turneps . . . $4\frac{1}{2}$ tonnes . .	—	18	—
3 Pom. de terre. 136 bushels . .	3	8	—
4 Pom. de terre			
fumées. . . 198 ——— . .	4	19	—
5 Fèves . . . . 16 ——— . .	2	18	—
6 Blé . . . . . 14 ——— . .	4	—	—
L. st^g . . .	18	16	—

Soit 3 l. st^g. 2 sh. 8 d. par acre.

Cet assolement et très-instructif. Il met hors de doute la qualité épuisante des pommes de terre dans un pareil sol. Quoique la troisième récolte des pommes de terre soit fumée, quoiqu'il n'y ait, dans les six ans, qu'une seule récolte de grains blancs, quoique cette sixième année ait été, en général, favorable aux blés, la récolte de froment est extrêmement misérable, car elle n'est que de $4\frac{2}{3}$ pour un. Dans l'assolement N°. IV le blé revient deux fois ; il n'y a point de fumier dans les 6 ans, et cependant à la sixième année le froment donne $8\frac{1}{3}$ pour un, tant les trois récoltes de fèves avaient entretenu la fécondité de la terre.

N°. XX.

			Sterl.	Sh.	D.
1	Pom. de terre. 105 bushels . .		2	12	—
2	Choux . . . 5 tonnes . .		1	5	—
3	Pom. de terre. 110 bushels . .		2	15	—
4	Choux . . . 4 tonnes . .		1	—	—
5	Fèves . . . . 18 bushels . .		3	4	—
6	Blé . . . . . 16 ——— . .		4	10	—
		L. st^g . . .	15	6	—

Soit 2 l. st^g. 11 sh. 1 d.

Cet assolement est également mauvais. Les pommes de terre y jouent toujours le rôle d'une récolte épuisante.

Nº. XXI.

			Sterl.	Sh.	D.
1 Pom. de terre.	104 bushels . .		2	12	—
2 Pom. de terre.	126 ——— . .		3	3	—
3 Pom. de terre.	97 ——— . .		2	8	6
4 Choux . . .	3 tonnes . .		—	15	—
5 Fèves	15 bushels . .		2	15	—
6 Blé	12 ——— . .		3	10	—

L. st^s. . . 15   3   6

Soit 2 l. st^s. 10 sh. 7 d. par acre.

Les pommes de terre montrent encore mieux ici combien elles épuisent. Quoiqu'il n'y ait aucune récolte de grains blancs avant le blé, celui-ci ne donne que 4 pour un, et la terre est souillée de mauvaises plantes, malgré les choux et les fèves qui ont des sarclages.

Nº. XXII.

1 Pom. de terre.	100 bushels . .		2	10	—
2 Fèves	24 ——— . .		4	2	—

			Sterl.	Sch.	D.
3	Pom. de terre.	142 bushels . .	3	11	—
4	Choux . . .	5 tonnes . .	1	5	—
5	Fèves	19 bushels . .	3	10	—
6	Blé	17 ——— . .	4	15	—
		L. st^g . . .	19	13	—

Soit 3 l. st^g. 5 sh. 6 d. par acre.

Encore un assolement qui condamne les pommes de terre.

N°. XXIII.

			Sterl.	Sch.	D.
1	Pom. e terre.	101 bushels . .	2	10	6
2	Orge	39 ——— . .	5	7	6
3	Pom. de terre.	127 ——— . .	3	3	6
4	Blé	26 ——— . .	3	15	—
5	Fèves	23 ——— . .	3	19	—
6	Blé	21 ——— . .	5	15	—
		L. st^g . . .	24	10	6

Soit 4 l. st^g. 1 sh. 9 d. par acre.

Il parait ici, comme dans d'autres assolemens, que l'orge réussit mieux que le blé après les pommes de terre.

N°. XXIV.

			Sterl.	Sh.	D.
1 Pom. de terre.	10 bushels	. .	2	10	—
2 Blé	17 ———	. .	4	15	—
3 Pom. de terre.	104 ———	. .	2	12	—
4 Blé	16 ———	. .	4	10	—
5 Fèves	18 ———	. .	3	4	—
6 Blé	14 ———	. .	4	—	—

L. st^g. . . 21 11 —

Soit 3 l. st^g. 11 sh. 10 d. par acre.

En comparant cet assolement au N°. XII, on voit, de la manière la plus frappante, l'avantage des fèves.

N°. XXV.

1 Pom. de terre.	98 bushels	. .	2	9 —
2 Turneps . . .	4 tonnes	. .	—	16 —
3 Choux . . .	5½ tonnes	. .	1	7 10
4 Pom. de terre fumées . . .	270 bushels	. .	6	15 —
5 Fèves	18 bushels	. .	3	4 —
6 Blé	18 bushels	. .	5	— —

L. st^g. . . 19 11 10

Soit 3 l. st^g. 5 sh. 3 d. par acre.

Quoique la seconde récolte des pommes de terre soit fumée, et qu'il n'y ait, sur les six ans, qu'une seule récolte de grains blancs, elle est chétive.

N°. XXVI.

		Sterl.	Sh.	D.
1 Pom. de terre.	101 bushels . .	2	10	6
2 Choux . . .	6 tonnes . .	1	10	—
3 Choux . . .	$5\frac{1}{2}$ tonnes . .	1	7	6
4 Choux . . .	3 tonnes . .	—	15	—
5 Fèves	22 bushels . .	3	16	—
6 Blé , ...	18 bushels . .	5	—	—

$$\text{L. st}^g \ldots \quad 14 \quad 19 \quad —$$

Soit 2 l. st^g. 9 sh. 6 d. par acre.

Mauvais assolement. Les pommes de terre épuisent. Les choux sans fumier, et charriés hors du champ, épuisent aussi ; et quelque améliorantes que soient les fèves, elles ne peuvent pas préparer une belle récolte de blé.

N°. XXVII.

			Sterl.	Sh.	D.
1 Pom. de terre.	100 bushels . .	2	10	—
2 Pom. de terre.	115 ———— . .	2	17	6
3 Choux . . .	3½ tonnes . .	—	17	6
4 Choux . . .	3½ tonnes . .	—	17	6
5 Fèves	22 bushels . .	3	4	—
6 Blé	16 ———— . .	4	10	—

$$\text{L. st}^{\text{g}} \ldots \quad 14 \quad 16 \quad 6$$

Soit 2 l. st^{g}. 9 sh. 6 d. par acre.

Encore plus mauvais que le précédent, parce qu'il y a une récolte de pommes de terre de plus : les fèves et le blé s'en ressentent.

N°. XXVIII.

1 Pom. de terre.	96 bushels . .	2	8	—
2 Fèves	24 ———— . .	4	2	4
3 Choux . . .	6½ tonnes . .	1	12	6
4 Fèves	4 ———— . .	1	—	—
5 Fèves	18 bushels . .	3	4	—
6 Blé	19 ———— . .	5	5	—

$$\text{L. st}^{\text{g}} \ldots \quad 17 \quad 11 \quad 10$$

Soit 2 l. st^{g}. 18 sh. 7 d. par acre.

Toujours l'effet épuisant des pommes de terre et des choux charriés, de plus en plus démontré.

N°. XXIX.

			Sterl.	Sh.	D.
1	Pom. de terre.	100 bushels . .	2	10	—
2	Orge	$39\frac{1}{2}$ ——— . .	5	8	9
3	Choux . . .	4 tonnes · .	1	1	—
4	Orge	33 bushels . .	4	12	6
5	Fèves	24 ——— . .	4	2	—
6	Blé	22 ——— . .	6	—	—
		L. st^g . . .	23	14	3

Soit 3 l. st^g. 18 sh. 10 d. par acre.

Il faut comparer cet assolement au N°. XI, qui au lieu de pommes de terre et de choux, a deux récoltes de fèves. Cette seule différence en fait une de 35 schillings par acre sur le produit brut annuel ; en outre, les deux récoltes de fèves coutent moins à cultiver que la récolte de pommes de terre et celle des choux, et le terrain demeure, au bout des six ans, en meilleur état. Toutes les comparaisons tendent à faire ressortir la faculté améliorante des fèves.

N°. X X X.

			Sterl.	Sh.	D.
1 Pom. de terre.	99 bushels	. .	2	9	6
2 Blé	23 ———	. .	6	5	—
3 Choux . . .	4½ tonnes	. .	1	2	6
4 Blé	31 bushels	. .	8	1	6
5 Fèves	22 ———	. .	3	16	—
6 Blé	16 ———	. .	4	10	—

L. stg . . . 26 4 6

Soit 4 l. stg. 7 sh. 5 d. par acre.

En comparant cet assolement au N°. XII, on retrouve la supériorité des fèves, comme dans l'exemple précédent.

N°. X X X I.

			Sterl.	Sh.	D.
1 Pom. de terre.	100 bushels	. .	2	10	—
2 Turneps . .	4 tonnes	. .	—	16	—
3 Turneps . .	5 tonnes	. .	1	—	—
4 Pom. de terre fumées . .	288 bushels	. .	7	4	—
5 Fèves	24 ———	. .	4	2	—
6 Blé	23 ———	. .	6	5	—

L. stg . . . 21 17 —

Soit 3 l. stg. 12 sh. 6 d. par acre.

Le profit de cet assolement est très-faible, parce que la quatrième année est fumée. Le blé n'est pas beau, pour une récolte qui est précédée, à deux ans de distance, d'une production fumée, et immédiatement d'une récolte de fèves, surtout en considérant qu'il n'y a qu'une seule récolte de grains blancs sur l'assolement.

N°. XXXII.

			Sterl.	Sh.	D.
1	Pom. de terre. 101 bushels . .		2	10	6
2	Choux . . . 5 tonnes . .		1	5	—
3	Turneps . . . 4 ——— . .	—	16	—
4	Choux . . . 4 ——— . .	1	—	—
5	Fèves . . . . 24 bushels . .	4	2	—
6	Blé . . . . . 22 ——— . .	6	—	—

L. st^g . . . 15 13 6

Soit 2 l. st^g. 12 sh. 3 d. par acre.

N°. XXXIII.

			Sterl.	Sh.	D.
1	Pom. de terre. 100 bushels . .		2	10	—
2	Pom. de terre. 112 ——— . .		2	16	—
3	Turneps . . 4 tonnes . .	—	16	—
4	Choux . . . 4½ ——— . .	1	2	6

			Sterl.	Sh.	D.
5 Fèves	21 bushels	. .	3	13	—
6 Blé	19 ———	. .	5	5	—
		L. st^g . . .	16	2	6

Soit 2 l. st^g. 13 sh. 9 d. par acre.

N°. XXXIV.

			Sterl.	Sh.	D.
1 Pom. de terre.	98 bushels	. .	2	9	—
2 Fèves	24 ———	. .	4	2	6
3 Turneps . .	4 tonnes	. .	—	16	—
4 Choux . . .	5½ tonnes	. .	1	7	6
5 Fèves	24 bushels	. .	4	2	—
6 Blé	22 ———	. .	6	—	—
		L. st^g . . .	18	17	—

Soit 3 l. st^g. 2 sh. 10 d. par acre.

N°. XXXV.

			Sterl.	Sh.	D.
1 Patates . . .	100 bushels	. .	2	10	—
2 Orge	30 bushels	. .	5	6	10
3 Turneps . .	5 tonnes	. .	—	16	—
4 Orge	32 bushels	. .	4	10	—
5 Fèves	24 ———	. .	4	2	—
6 Blé	24 ———	. .	6	10	—
		L. st^g . . .	23	14	10

Soit 3 l. st^g. 19 sh. 1 d. par acre.

Tan

Tant que le gazon du vieux pré se pourrit encore, l'orge réussit et l'avoine de même : cet effet du gazon parait plus sensible sur les grains de printemps.

N°. XXXVI.

		Sterl.	Sh.	D.
1 Pom. de terre. 100 bushels	. .	2	10	—
2 Blé . . . . . 22 ———	. .	6	—	—
3 Turneps . . 4 tonnes	. .	—	16	—
4 Blé . . . . 23½ bushels	. .	6	8	—
5 Fèves . . . . 22 ———	. .	3	16	—
6 Blé . . . . . 22 ———	. .	6	—	—
	L. st^g. . .	25	10	—

Soit 4 l. st^g. 5 sh. par acre.

Voilà assurément une belle suite d'expériences, et dont il y a une véritable instruction à tirer. On y regrette deux choses : l'une que les turneps et les choux ne soient pas consommés sur place, pour qu'on puisse les apprécier tout ce qu'ils valent ; l'autre, que le trèfle n'entre point dans ces assolemens. Voici les principales conséquences des faits, telles qu'elles sont indiquées par l'auteur lui-même.

Q

1°. Les pommes de terre épuisent plus, dans ce terrain-là, qu'aucune autre récolte intermédiaire, même plus que l'orge ; et , dans certains assolemens , plus que le blé.

2°. Dans un pré rompu, sur un tel terrain (froid et humide) les pommes de terre ne donnent pas une récolte passable , si on ne les fume ; et , en les fumant , leur culture n'est pas avantageuse.

3°. L'orge , l'avoine , et les fèves réussissent beaucoup mieux que le blé , après les pommes de terre.

4°. Les fèves sont la récolte intercalaire la plus avantageuse dans des terres neuves , de la qualité de celles de l'expérience.

5°. Le maintien de la fertilité que le gazon, en pourrissant communique à la terre , dépend beaucoup de la fréquence des récoltes de fèves dans l'assolement. Plus souvent elles reviennent, et mieux c'est, pour la récolte de grains blancs qui doit leur succéder. Trois récoltes consécutives de fèves préparent une récolte de froment très-abondante.

6°. Les fèves et l'orge ou les fèves et le blé, en alternance, font un excellent assolement, soit pour la terre, soit pour le profit.

7°. En introduisant les fèves dans les mauvais assolemens, on remédie jusqu'à un certain point, aux vices de ces assolemens.

8°. Les récoltes successives de grains blancs détruisent promptement la fertilité des terres neuves. Trois récoltes de suite de blé, |d'orge, ou d'avoine, réduisent le sol à un état misérable de saleté et de faiblesse.

9°. Les deux meilleurs assolemens sur les trente-six, sont fèves et orge, et fèves et blé. Le premier rend le plus en apparence, et le second en réalité, parce qu'il y a épargne sur les labours.

10°. Quant au profit, le troisième en rang est celui de quatre récoltes de fèves et une de blé. La terre demeure si parfaitement nette, que ce serait peut-être encore le plus avantageux de tous.

11°. Les assolemens les moins productifs, et surtout les moins profitables, sont ceux dans lesquels les choux, les pommes de terre et les turneps reviennent le plus souvent.

12°. L'avoine est, de tous les grains blancs, celui qui dans des terres neuves et froides, comme celles de l'expérience, donne le plus grand produit, et surtout le plus de profit.

L'auteur termine son rapport sur les expériences, en conseillant, pour une terre semblable, l'assolement suivant, de neuf ans :

1. Fèves.
2. Avoine.
3. Fèves
4. Avoine.
5. Fèves.
6. Avoine.
7. Trèfle.
8. Fèves.
9. Blé.

Voici les raisons qu'il donne pour conseiller cet assolement : 1°. Le profit des fèves dans le cours des expériences, tant que le sol n'est pas épuisé, est évident. 2°. L'avoine, tant que le gazon n'est pas entièrement consumé, rend beaucoup plus que l'orge et le froment. 3°. Le trèfle renouvellerait la fertilité du terrain. Les fèves, à la huitième année, la soutiendraient; et le blé, après ces deux récoltes améliorantes, serait probablement très-beau. Il faut, au reste, se souvenir que cet assolement n'est recommandé que pour les vieux prés rompus; il serait, à certains égards, peu convenable ailleurs.

CHAPITRE VI.

CONSIDÉRATIONS SUR LES MOYENS D'INTRO-DUIRE EN FRANCE DE BONS ASSOLEMENS.

QUELQU'UN a dit que la marche de l'imitation des pratiques utiles en agriculture, pouvait être estimée, par un calcul moyen, à environ une lieue dans dix ans : c'est-à-dire, que l'usage d'un instrument d'agriculture, supérieur à tout autre dans le même genre, se propagerait probablement, dans le cours d'un siècle, sur un pays dont l'étendue serait égale à l'aire d'un cercle qui aurait un rayon de dix lieues. Cette supposition n'est peut-être pas éloignée de la vérité.

Il faut remarquer qu'on a essayé ce calcul d'après divers exemples de la manière dont les objets matériels employés dans l'agriculture ont été imités. Or ces objets matériels comme des instrumens, par exemple, provoquent l'imitation tout autrement qu'un système abstrait, dont l'ensemble ne peut être saisi sans connaissances préliminaires, et sans attention ; dont les résultats ne peuvent être démontrés qu'à la longue, et dont l'application pratique doit nécessairement blesser tous les préjugés de la routine. Si donc il faut compter par siècles, lorsqu'on abandonne à la seule évidence de l'utilité, la diffusion d'une pratique simple, ou l'usage d'un instrument agricole, il faudra compter par milliers d'années, lorsqu'il s'agira d'estimer dans l'avenir l'adoption graduelle des meilleurs assolemens, pour un vaste pays. Ce raisonnement est confirmé par les faits.

Nous voyons, dans certaines parties du territoire Français, de très-bonnes pratiques d'assolement qui y subsistent de tems immémorial, sans qu'on se soit avisé de les imiter ailleurs. Le département du Nord et celui du pas de Calais, (l'ancienne Flandre Française et l'Artois), ainsi que les départemens de la Dyle, de l'Escaut, &c. (l'ancienne Flandre Autrichienne), sont en possession d'assolemens excellens, qu'on a crûs applicables seulement au sol privilégié de ces contrées. Les départemens du Haut et du Bas-Rhin, (l'ancienne Alsace), sont également remarquables par des assolemens qui ont banni les jachères. Enfin, les départemens de la Haute-Garonne et du Lot, sont encore soumis à une excellente culture, qui ne laisse aucun repos à la terre.

Dans ces divers pays, la culture, relativement aux rotations de récoltes, existe depuis des siècles telle qu'elle est aujourd'hui, ou à-peu-près, et l'imitation de ces systêmes d'assolement ne s'est point propagée. Ce n'est pas que des terres tout aussi fertiles, parfaitement analogues, susceptibles de la même culture par le climat, ne se trouvent dans d'autres parties de la France. Les départemens de l'Aisne, de la Somme, de l'Oise, de Seine et Oise, de l'Eure, du Calvados, de l'Orne, de la Seine-Inférieure, de Seine et Marne, et beaucoup d'autres cantons dans divers départemens encore, contiennent des terres qui le disputent en fécondité à celles des départemens du Rhin, et qui ne le cèdent peut-être pas à celles du département du Nord. Cependant nous voyons la jachère régner tristement sur ces terrains fertiles, tandis que les sables naturellement stériles de Norfolk, fécondés par l'imitation des assolemens de la Flandre, donnent tous les ans de belles récoltes.

L'Angleterre elle-même offre sur ce point de singuliers contrastes d'industrie et de langueur, d'instruction et d'ignorance. L'exemple de ce pays-là est plus frappant à cet égard, et plus instructif peut-être, que celui de la France, parce qu'en comparant la lenteur du progrès des lumières, avec les moyens très-actifs, employés depuis quelques années pour les répandre, on apprend à calculer les difficultés, et à modérer ses espérances. Le Bureau d'Agriculture a fait faire par ses commissaires une reconnaissance détaillée des provinces, sous le point de vue agricole. Il a résulté de ce travail, des objets de comparaison assez piquans relativement aux assolemens. On a vu, par exemple, que dans cette île dont on vante l'agriculture (et avec raison, si l'on juge comparativement) dans cette île où les sociétés agricoles sont fort multipliées, qui a des institutions diverses, dirigées vers le même but ; qui renferme un nombre très-considérable d'hommes instruits dans cet art, et praticiens habiles ; où

enfin la circulation des connaissances relatives à l'agriculture, est plus active qu'elle ne
l'est peut-être nulle part ailleurs, il existe
aujourd'hui des assolemens aussi barbares
qu'ils l'étaient probablement tous, il y a dix
siècles. Dans le *West-More-Land*, on sème
de l'avoine d'abord, puis de l'orge, puis
trois ans de l'avoine, puis de l'orge, puis
de l'avoine encore; après quoi on abandonne
la terre à elle-même pendant quelques années. En *Cumberland*, on sème aussi pendant
neuf à douze ans, des grains blancs sans
interruption, puis on laisse, comme l'on dit
dans le canton, *reposer la terre* pendant sept
ou huit ans. Dans le *Carmarthen*, on sème
de l'orge et de l'avoine jusqu'à ce que le
sol ne donne plus rien, et soit devenu un
mauvais pâturage. Dans le *Cardigan* enfin,
l'on prépare, par une jachère, huit récoltes
successives de grains blancs.

Je ne parle pas du grand nombre de provinces et de cantons, où l'usage des jachères
est encore suivi; mais dans d'autres, où il
est abandonné, l'on trouve des bisarreries
inexplicables dans les systêmes d'assolement.

En Somerset, on cultive les fèves dans les terres argileuses, et on leur fait succéder la jachère, puis à celle-ci du blé et deux récoltes d'avoine. Dans la même province, on sème sur les terres graveleuses, trois fois de suite du blé, puis de l'orge et du trèfle. Dans le Herefordshire, on voit une jachère complette succéder aux turneps. Le blé y suit la jachère, et est remplacé par l'orge avec du trèfle.

Ces faits suffisent pour montrer dans quelle ignorance absolue certaines parties de l'Angleterre sont encore sur les vrais principes des assolemens, principes dont l'exemple de certaines provinces prêche néanmoins si hautement, et depuis si long-tems, l'importance. Si tels sont les effets de l'ignorance et de la routine, dans le pays de l'Europe qui rassemble le plus de connaissances et de bonnes pratiques agricoles, à quoi devons-nous nous attendre en France ?

Assurément il est impossible de nier que l'objet qui nous occupe soit d'une grande importance pour la prospérité d'un Etat. Une

économie de culture qui double les productions d'un pays, augmente aussi dans une
grande proportion sa richesse, son commerce,
sa population et tous ses moyens de force :
cela n'a pas besoin d'être prouvé. Mais ce qui
n'est guères moins certain, c'est que le perfectionnement du systême des rotations de
culture en France, ne cheminera point, ou
ne fera qu'un pas dans chaque siècle, s'il est
abandonné à l'évidence seule de son utilité.

Ce qui fait qu'on demeure froid aux idées
nouvelles, alors même que l'utilité en est
démontrée à l'entendement, ce n'est pas tant
peut-être l'indifférence sur les résultats, que
la défiance sur l'efficace des moyens qui doivent les produire. De vrais amis de l'huma-
nité, des citoyens dévoués au bien de leur
pays, mais détrompés sur des espérances qui
les avaient charmés, semblent indifférens,
parce qu'ils doutent, parce qu'ils calculent
les difficultés, parce que les obstacles de
détail qui s'accumulent toujours devant les
entreprises utiles, effrayent leur imagination,
et leur font ranger toute idée nouvelle parmi
les rêves des philantropes. Plus les résul-

tats d'un système sont brillans, plus il importe donc d'éclairer les penseurs sur les véritables difficultés de l'application ; car les esprits sages sont lents à croire, et ils s'attachent avant tout à discerner nettement les caractères qui distinguent une idée solide, d'une séduisante chimère.

Il ne s'agit ici que des moyens de propager la doctrine des bons assolemens : car il ne saurait y avoir deux opinions quant au fond de la chose, c'est-à-dire, son importance réelle. On croira peut-être qu'il suffirait, pour mettre en mouvement une sorte de révolution dans les parties de la France où la jachère est pratiquée, de publier de bons ouvrages, de multiplier les mémoires, de faire circuler des instructions, et de prêcher les cultivateurs au nom de leur intérêt. J'observerai, à cet égard, que notre agriculture est entre les mains de deux classes d'hommes : les uns ont de la théorie sans usage, les autres de la pratique sans lumières. Ceux-ci ne lisent point, et ceux-là lisent sans fruit. Ils auraient besoin de s'entr'aider, et ils se contrarient. Les gens de la ville transplantés aux champs, s'y rendent bientôt ridicules par l'ignorance des détails; et les cultivateurs de métier, depuis le fermier jusqu'à l'ouvrier de terre, méprisent toute instruction théorique de celui qui n'a pas pratiqué. Les meilleurs livres sur l'agriculture ne donnent guères aux gens qui les apprécient et en font leur étude, que des velléités ruineuses, ou des regrets sur ce qu'ils ne peuvent faire. L'exception est très-rare : elle se trouve chez l'agriculteur qui a un esprit juste et éclairé, une volonté forte et persévérante, la connaissance et le goût des détails, l'art de ménager les préventions, et d'employer les hommes. Celui-là lit avec fruit; met en usage les pratiques utiles; est imité de ses voisins, après en avoir été moqué; et devient un centre de lumières, duquel procèdent, mais avec une influence de plus en plus faible, les améliorations dont il a donné l'exemple.

Lorsqu'il s'agit d'une vaste contrée, qu'est-ce que l'influence de moyens si limités ! Les hommes capables de reformer par leur exemple sont disséminés en petit nombre :

ces points lumineux, épars dans un espace immense, ne suffisent point à éclairer l'horison. D'ailleurs, il faut se rappeler que la bonne théorie des assolemens est un objet compliqué, qui demande une attention suivie, une étude particulière. Leur pratique exige de la constance, puisque les applications n'offrent de résultats probans qu'au bout de plusieurs années. Que de raisons pour en détourner les hommes légers ! que de chances de voir interrompre les cours d'expériences, avant que le résultat ait pu s'obtenir, et l'exemple se propager !

D'autres circonstances encore qui sont particulières à la France ou à notre temps, se réunissent pour entraver la marche d'une amélioration si importante. Le caractère national y est déjà, à mes yeux, un obstacle très-grand. Les Français conçoivent, inventent, entreprennent aisément; mais ils se lassent de même : leur activité cherche des effets prompts, des résultats qui puissent marquer, avant qu'elle s'évapore. Les combinaisons lentes, les dispositions méthodiques qui doivent amener, à longs jours, des effets utiles, ne sont généralement pas faites pour nous.

L'existence politique des Français depuis dix ans, a confirmé leur penchant à l'imprévoyance. Les secousses de la révolution, le bouleversement des fortunes, et les atteintes portées à la propriété, nous ont accoutumés à compter pour peu l'avenir. Cet esprit a sur notre système général d'agriculture, une influence qui est sensible pour l'observateur attentif. L'avidité de jouissances et l'incertitude de possession qui ont porté les acquéreurs de biens nationaux à détruire les forêts, à convertir les prairies en terres à blé, ont eu aussi leur effet sur les autres propriétaires, et principalement sur les fermiers. Chacun considérant l'année qui s'écoulait comme l'objet presque unique de ses travaux, les a modifiés d'après cette opinion; et l'agriculture Française, qui n'a jamais été suffisamment prévoyante, l'est moins encore aujourd'hui.

Enfin, l'on peut conjecturer que lorsque la paix aura rendu à l'industrie commerciale son

essor

essor naturel, les capitaux de la nation ne se trouvant point d'abord en proportion avec les moyens multipliés de leur emploi, le taux élevé de l'intérêt attirant sans cesse l'argent dans le commerce, l'agriculture sera privée d'une grande partie du capital qui serait nécessaire à sa prospérité, et qu'au lieu de fleurir, comme on voudrait l'espérer, elle languira faute d'encouragemens.

Toutes ces considérations tendent à montrer de quelle importance serait pour la propagation des connaissances théoriques et praques sur les successions de récoltes, l'intervention du Gouvernement, et son appui. Mais quand je parle d'intervention, je n'entends pas des publications de mémoires ou de bons livres : j'ai déjà dit combien leur effet serait borné. J'entends que le Gouvernement fît ce que lui seul peut faire, qu'il mît à portée des cultivateurs les faits qui parlent aux yeux et déterminent la conviction.

L'idée de l'établissement de diverses fermes expérimentales, situées dans divers départemens, sur des terrains et sous des climats de nature différente, devrait peut-être se rattacher à un projet plus vaste, qui embrasserait l'instruction de la classe des cultivateurs. Sans doute que pour préparer efficacément les voies à la pratique de la bonne agriculture, il conviendrait, avant tout, de répandre les germes de cette instruction élémentaire dont le peuple des campagnes est depuis si long-temps privé, et qui seule peut amener, à la longue, chez les hommes dévoués à l'habitude et aux préjugés, la faculté de raisonnement qui ouvre l'accès aux vérités utiles.

Je ne veux point sortir des limites que la nature du sujet proposé me défend de passer. Je me borne à appeler par mes vœux ces institutions bienfaisantes, qui seront destinées à répandre les lumières chez la classe intéressante des cultivateurs ; mais je crois rester dans la question, je crois servir les intentions patriotiques de la respectable Société qui encourage nos travaux, en indiquant, par quelques traits, de quelle manière on pourrait répandre la connaissance des bons assolemens en France, et propager l'imitation des meilleures pratiques, selon les terrains et les climats.

Je suppose, comme indispensable au succès, l'établissement d'une ferme suffisamment vaste, située dans le voisinage de Paris, exclusivement destinée à donner l'exemple des meilleurs assolemens, et dont les travaux seraient en rapport avec d'autres fermes placées, pour le même objet, dans les départemens.

Il serait à desirer que la ferme centrale pût réunir les deux extrêmes de l'échelle des qualités diverses dans les terrains : la glaise tenace, et la terre sablonneuse. Mais on ne peut guères l'espérer. Le local qui, en offrant d'ailleurs les autres avantages que l'on doit rechercher, présenterait la plus grande variété possible dans la nature des terres, serait le plus utilement applicable à l'objet.

Je pense que cette ferme centrale, et toutes les autres qui en dépendraient, devraient être uniquement destinées, non à des recherches expérimentales, qui ont été faites ailleurs et qui feraient perdre les années, mais à l'application sévère des principes qui résultent des pratiques éprouvées. Ces établissemens étant institués pour donner des exemples à suivre, il serait d'une extrême importance d'y éviter les expériences négatives, ces expériences desquelles les ignorans argumentent toujours contre les systêmes dont ils sont incapables de saisir l'ensemble. Il faudrait que les successions de récoltes fussent pré ordonnées sur un plan qui ôtât aux hasards de l'agriculture tout ce qu'on peut leur ôter. L'état des connaissances nous permet aujourd'hui d'établir dans tous les terrains quelconques, des assolemens, qui donnent la certitude morale d'une bonne récolte chaque année, sauf les contrariétés des saisons dont l'effet est général sur tout un pays.

Il importerait de déterminer les emplacemens des fermes départementales, de manière à rendre l'exemple aussi utile qu'il serait possible. La distribution d'un certain nombre de fermes dans les diverses parties de la France, sur le seul principe de les espacer également, remplirait mal l'objet. Le but ne serait atteint non plus que d'une manière imparfaite , si, dans le choix des emplacemens, on n'avait égard qu'à la qualité des terrains et à l'action du climat : il faudrait encore que ces foyers d'instruction pratique et d'exemple fussent à portée des villes populeuses , parce que là où il y a plus de lumières et d'aisance , il y a aussi plus de gens prêts à imiter ce qui est bon ; et qu'un système de culture dont les avantages seraient aussi palpables , entraînerait d'abord beaucoup d'imitateurs parmi les gens éclairés, puis successivement parmi ceux qui ne cèdent qu'à l'évidence de leur intérêt.

Il est inutile d'observer que les systèmes d'assolemens devraient être calculés sur les données locales du pays , en même tems que sur les principes généraux , afin que chaque ferme , dans l'atmosphère de son influence , contribuât à l'introduction de l'espèce de culture dont il résulterait le plus grand bien pour le pays. Mais ce qui serait essentiel au succès , ou hâterait du moins infiniment les bons effets d'une telle institution agricole, ce serait l'unité de ses travaux, et leur publication annuelle.

Je pense qu'il devrait exister entre l'établissement central et les fermes départementales une parfaite correspondance de vues et d'efforts ; et comme il n'y a point d'unité sans subordination, je suppose que les instructions, le mouvement général, devraient émaner de la ferme centrale, et que tous les faits convergeraient ensuite vers ce foyer, y seraient rédigés avec ordre, et répandus tous les ans, pour l'instruction des agriculteurs de la France.

Je croirais encore utile à la réussite d'un tel plan, que l'objet en fût exclusivement borné aux assolemens. Non pas que bien d'autres détails intéressans ne réclament l'attention d'un gouvernement protecteur de l'agriculture; mais parce que l'objet des assolemens est d'une telle importance qu'il mérite d'absorber l'attention et les soins de ceux qui seraient chargés d'y présider. Il y a une autre raison d'exclure tout-à-fait ce qui ne serait pas relatif à l'objet principal, c'est qu'il ne faut pas que ces fermes deviennent onéreuses à l'Etat, comme cela arriverait inévitablement si on se jetait dans les expériences.

L'objection de la grande dépense qu'occasionnerait au gouvernement une institution sur un si vaste plan, s'offre d'abord à l'esprit, et cependant elle n'a pas de force ; car ces fermes, même médiocrement régies, (comme il faudrait s'y attendre pour n'avoir pas à décompter) ne couteraient rien à l'Etat. Il serait difficile, sans doute, de trouver des régisseurs à la fois intelligens, actifs, soigneux, et probes : c'est là le point qui peut le mieux, je pense, justifier les doutes sur la réussite d'un tel projet. Mais il faut cependant considérer qu'en destinant le revenu de ces fermes aux émolumens des régisseurs, on pourrait avoir beaucoup de choix parmi des hommes capables. Ce serait, pour bien des cultivateurs instruits et attachés à leur art, une existence très-attrayante. Les hommes susceptibles de quelque ardeur pour le bien, saisiraient avec force la certitude d'influer d'une manière aussi intéressante sur la prospérité de leur pays ; et l'espoir de mériter la reconnaissance de leurs concitoyens porterait, je le crois, des individus distingués à rechercher ces places.

R 4

Je soumets cette idée à la discussion de la Société qui a proposé le prix. Si ce projet n'est point une conception chimérique ; s'il est susceptible d'être mûri, développé, et de recevoir une application utile, c'est des hommes qui composent *la Société d'Agriculture du Département de la Seine* que l'on peut raisonnablement attendre ce bienfait. Ils sont placés au centre des lumières. Ils peuvent rassembler tous les faits, s'aider de toutes les observations, apprécier tous les obstacles ; et ils ont enfin, pour entraîner la conviction d'un Ministre judicieux et habile, tous les moyens que leur assurent la masse imposante de leurs talens, et le souvenir des services désintéressés qu'ils ont rendus à leur pays.

Je finis par la citation des paroles d'un auteur qui les a tracées pendant les orages de la révolution, et à l'occasion du sujet même que j'ai traité (1). Loin de m'en défen-

---

(1) C. Pictet de Genève. Voyez le premier Vol. d'agriculture de la Bibliothèque Britannique p. 476.— Ce morceau a été écrit en l'an 4.

dre, je me félicite de la concordance d'idées que mes lecteurs vont y remarquer. L'identité des vues que ce fragment indique avec celles que j'ai développées ici, est une circonstance dont je suis disposé à m'applaudir. Qu'importe la priorité, s'il peut résulter quelque bien, des efforts dont le but est semblable ! Je ne crains point d'avoir été précédé dans la carrière, et de faire rejaillir sur un autre l'honneur d'avoir le premier conçu le germe d'un utile projet. (1)

" On ne saurait réfléchir sur ces objets,
„ sans regretter que dans le pays de l'Europe
„ le plus favorisé sous les rapports de l'éten-
„ due, de la population, de la fertilité, du
„ climat; où l'on n'aurait, en quelque sorte,
„ qu'à vouloir, pour faire sortir de la terre,
„ d'incalculables richesses, il n'existe aucune
„ réunion puissante de moyens dirigés vers
„ ce grand but. Si la France possedait un

---

(1) En écrivant le mémoire sur les assolemens, pour concourir au prix, j'ai été obligé de garder l'anonyme.

,, Département public, chargé d'organiser,
,, d'assujettir aux mêmes principes, de faire
,, converger vers un centre commun, des
,, expériences suivies, faites en grand, et
,, simultanément, en divers lieux et en divers
,, sols : si, s'élevant au-dessus des jalousies
,, nationales pour ne chercher que ce qui est
,, utile, ce Département s'aidait de toutes
,, les connaissances acquises chez l'étranger ;
,, si les travaux de détail, dans chacun des
,, lieux d'expériences, étaient confiés à des
,, observateurs exacts, judicieux, assidus,
,, rompus eux-mêmes aux opérations qu'ils
,, seraient chargés de surveiller ; si enfin les
,, circonstances publiques favorisaient assez
,, un tel établissement pour que son activité
,, se soutînt pendant une suite d'années, on
,, verrait alors ce qu'on n'a jamais vu encore
,, en agriculture, savoir : une grande masse
,, de faits dirigés vers le but de *faire rapporter*
,, *à toutes les espèces de terres, les récoltes qui*
,, *donnent le plus grand profit, en soutenant ou*
,, *augmentant la fertilité du sol.* Toutes les obscu-
,, rités, les incertitudes, les contradictions
,, apparentes, qui embarrassent celui qui dé-

„ bute, ou celui qui cherche à sortir de la
„ routine reçue, disparaîtraient devant un tel
„ faisceau de lumière. Les faits parleraient
„ aux yeux des plus incrédules, parce que
„ les expériences seraient tellement répétées,
„ tellement variées, que leurs principaux ré-
„ sultats auraient acquis un degré d'évidence
„ absolument nouveau dans ces matières. —
„ Ces résultats tendraient si directement à
„ l'intérêt des cultivateurs, que leurs préju-
„ gés céderaient; et un des premiers effets
„ de cette révolution dans les connaissances
„ serait la suppression de ce misérable sys-
„ tême des jachères, digne d'un siècle de
„ barbarie, et qui dévoue à l'inutilité un tiers
„ des terrains, en faisant languir la culture
„ du reste.

„ Si l'influence de tels avantages sur la pros-
„ périté nationale, et le bonheur des indi-
„ vidus a de quoi charmer l'imagination et
„ enflammer le zèle, la réflexion refroidit
„ bientôt l'espérance de les voir se réaliser. —
„ Il faudrait, pour créer une telle institution,
„ un degré d'enthousiasme que l'utile n'ex-

„ cite guères; pour en soutenir les effets, un
„ dévouement et une persévérance d'efforts
„ qu'on ne peut point attendre de l'esprit du
„ temps. — D'ailleurs, est-ce pendant les
„ intervalles des secousses d'un tremblement
„ de terre qu'on songe à jeter les fondations
„ d'un grand édifice? Lorsqu'à peine on peut
„ compter sur le lendemain, on ne s'occupe
„ point de projets à longs jours; et là où
„ les droits de la propriété ont reçu des attein-
„ tes profondes, on ne peut raisonnablement
„ espérer de voir fleurir de sitôt un art dont
„ les succès durables reposent en entier sur
„ le respect de ce droit sacré.

„ Il serait trop décourageant, néanmoins,
„ de ne point oser croire que la raison aura
„ aussi son règne; qu'après tant d'illusions
„ et de délire on éprouvera enfin le besoin
„ de revenir à ce qui n'est que vrai; que
„ les idées justes, sages, modérées, sources
„ de la félicité individuelle et nationale, ces
„ idées qui apprennent à distinguer le bon-
„ heur, de la gloire, et la prospérité, de
„ l'éclat, auront à leur tour quelque faveur.

„ Alors on pourrait tout attendre de l'ascen-
„ dant de l'opinion sur un peuple ardent et
„ sensible ; et il n'est aucun objet, à la fois
„ utile et grand, qu'on dût croire au-dessus
„ de la portée d'une nation qui possède en
„ elle-même les germes de toutes les res-
„ sources, qui a mérité quelquefois le repro-
„ che d'avoir dépassé le but, jamais celui
„ de n'avoir pu l'atteindre. „

RÉSUMÉ.

LA question proposée est une des plus importantes en agriculture : si elle était une fois résolue , l'agriculteur pourrait entreprendre des améliorations , avec la certitude de n'avoir à combattre , pour arriver à son but , que les inconvéniens d'une saison défavorable. Un bon assolement sera celui qui , en conservant les terres dans le meilleur état possible , leur fera en même tems produire la rente la plus forte. Développement de ces deux conditions , et plan général de l'ouvrage , depuis la page 1 à la page 7.

CHAPITRE I.er

De la théorie des labours et de l'usage des jachères.

QUEL est en général le but des labours ? Le but se modifie selon la nature du sol et l'époque du labourage. Quelles sont les diverses opérations de la jachère complette ? Effets améliorans de cette jachère ; elle présente deux grands inconvéniens : les fraix qu'elle entraîne, et le défaut de récolte qu'elle nécessite pendant une année entière. Depuis la page 8 à la page 35.

CHAPITRE II.

Du systême d'alterner les champs entre les plantes à racines fibreuses et les plantes à racines pivotantes.

ROZIER est le premier en France qui ait traité la partie des assolemens. Il explique la convenance d'alterner les récoltes de plantes pivotantes avec les récoltes de plantes à racines fibreuses, par la supposition que les unes, ne se nourrissant que dans la couche supérieure, laissent la couche inférieure en réserve pour la nourriture des autres. Cette explication est vicieuse, en ce qu'il y a très-peu de plantes pivotantes, qui entament le sol inférieur au-dessous de sept à huit pouces, et que la couche de terrain qui est au-dessus de cette profondeur est nécessairement trop mêlée et retournée par les labours, pour qu'on puisse la distinguer en *supérieure* et en *inférieure*; d'ailleurs les plantes à racines pivotantes tracent aussi, jusqu'à un certain point, et celles à racines fibreuses vont souvent chercher leur nourriture dans les couches inférieures : il faut donc recourir à la supposition des sucs nourriciers de différente nature qui alimentent les plantes de nature différente. — Depuis la page 36 à la page 42.

CHAPITRE III.

Théorie des assolemens.

C'EST un principe bien reconnu en agriculture que, lorsque sur le même terrain, on fait succéder plusieurs récoltes de grains blancs, ce terrain s'épuise plus ou moins promptement, et finit par être entièrement occupé par des plantes nuisibles au blé. Quelles sont donc les productions qui peuvent les remplacer avantageusement, puisque la terre ne refuse point de produire ? Ce sont celles qui exigent une culture pendant la végétation, et celles qui s'emparant exclusi-

vement

vement du sol, s'opposent à la croissance de toute autre plante, et permettent aux sucs nourriciers de s'accumuler à sa surface. — Page 43 à 52.

La règle qu'on doit se proposer dans le choix d'un assolement, c'est qu'il nettoye la terre, la maintienne en bon état, et lui fasse donner le plus grand revenu possible : c'est une circonstance heureuse, mais non pas essentielle dans un assolement, qu'il procure alternativement une récolte servant à la nourriture de l'homme, et une récolte destinée à celle des bestiaux. Page 53 à 56.

Les assolemens peuvent et doivent se varier de tant de manières, suivant les pays, la nature du sol et le climat, qu'il serait impossible d'en établir qui fussent applicables partout : il faut donc s'en tenir aux deux grandes divisions des terres légères et des terres argileuses, pour considérer les assolemens qui leur sont respectivement propres. — De la page 56 à 58.

S.

CHAPITRE IV.

Des assolemens dans les terres légères.

LES terres légères présentent un plus grand choix de récoltes pour former des assolemens : elles auraient décidément l'avantage sur les terres argileuses, si elles étaient également propres à la culture du blé ; néanmoins on remédie à cet inconvénient, par les récoltes intermédiaires de trèfle ; mais c'est un moyen dont il faut user avec ménagement, si on veut le conserver : pour cet effet, il faut faire entrer dans l'assolement une récolte fumée et sarclée, comme celle des turneps : les cultivateurs de Norfolk ont amené la culture de cette racine à un haut point de perfection. Modifications diverses dans l'assolement de Norfolk qui pourraient le rendre propre à tous les pays de terres légères. — De la page 59 à 95.

Les prairies artificielles, formées avec la luzerne, ou le sainfoin, (esparcette), peuvent entrer avec succès dans les assolemens

de terres légères ; elles réunissent le double
avantage de donner de grands produits et
d'accumuler sur le sol, pendant le cours de
leur durée , les sucs les plus propres à la
nourriture du blé. Le ray-grass a aussi ces
avantages, mais c'est surtout comme prairie
à faire pâturer, qu'il est recommandable. En
général, le parcours des moutons, bien loin
de nuire aux prairies, leur est très-favorable ;
c'est le principe des meilleurs agriculteurs
anglais ; ils emploient ce parcours dès la seconde année de l'établissement du pré. —
Depuis la page 95 à 109.

CHAPITRE V.

Des assolemens de terres argileuses.

LES assolemens des terres argileuses ont
été beaucoup moins perfectionnés que ceux
des terres légères, et ils présentent effective-
ment de plus grandes difficultés ; d'abord,
parce que les terres argileuses admettent une
moins grande variété de récoltes, et ensuite,
parce que les labourages et les cultures, pendant la végétation, y sont plus difficiles. —
Page 110 à 112.

S 2

Parmi les récoltes intercalaires, propres aux terres argileuses, les unes sont améliorantes par les sarclages qu'elles exigent, les autres par l'ombre dont elles couvrent plus ou moins le sol. Les premières de ces productions sont les fèves, les pommes de terre, les choux et le colza : les secondes sont les vesces d'hiver et d'été, la chicorée, le trèfle, la luzerne, les prés-gazons etc.

Les fèves, convenablement sarclées, sont une excellente préparation pour le blé, et on a en Angleterre des exemples de récoltes successives et soutenues de fèves et de grains blancs pendant un grand nombre d'années. Page 112 à 117.

Les pommes de terre ont, plus que toute autre récolte intercalaire, l'avantage de réaliser immédiatement un produit précieux, peu sujet aux casualités, et proportionné au travail donné à la plante ; mais il n'est pas prouvé que, même avec des cultures convenables, elles n'influent pas en mal sur la récolte de grains blancs qui leur succède. — Page 118 à 128.

La culture des choux en plain champ, exige beaucoup d'engrais, une main-d'œuvre considérable, et un climat qui ne soit pas exposé aux longues sécheresses ; elle ne convient donc qu'à ceux qui peuvent réunir ces diverses conditions : cette récolte perd d'ailleurs une grande partie de son prix, quand elle n'est pas employée à l'engrais des bœufs ou des moutons, ou à l'entretien d'hiver des brebis nourrices. Page 128 à 130.

Le colza cultivé pour fourrage, dans les cantons qui ont des terres fraîches, des glaises fécondes et des étés qui ne soient pas trop secs, offre des ressources précieuses, comme nourriture en vert pour les moutons. — Page 131 à 132.

Les vesces d'hiver et de printemps fournissent également un très-bon fourrage, et un produit en grains très-considérable, si on les laisse mûrir. Le gypse produit un excellent effet sur cette plante, ainsi que sur le trèfle, la luzerne et le sainfoin, surtout dans les terres légères. — Page 132 à 136.

L'influence de la chicorée sur les récoltes céréales subséquentes, est encore peu connue : Arthur Young s'est bien trouvé de la culture de cette plante pour le pâturage des moutons. — Page 136.

Le trèfle dans les terres argileuses qui ne sont pas bien égouttées, est sujet à divers accidens qui diminuent son produit. Il en est de même de la luzerne, et celle-ci demande de plus grands frais encore pour en assurer la réussite : on ne peut donc lui destiner qu'une étendue de terrain bornée. Page 137 à 140.

Les prés-gazons composés de graminées vivaces, auxquelles on mélange avec succès le trèfle jaune et le trèfle blanc, sont d'une grande ressource dans les terres argileuses, pour en soustraire une partie à la jachère : le parcours des moutons leur est très-avantageux : le terrain qu'on leur destine doit être bien préparé, et la graine semée fort épais. — Page 140 à 144.

Emploi des diverses productions dont on

vient de parler, pour former les assolemens
des terres argileuses : le préliminaire indispensable, si la ferme manque de fourrages,
c'est d'établir des prés-gazons sur les pièces
les plus éloignées ; le desséchement des terres
labourables est ensuite une opération nécessaire. — Considérations diverses, qui doivent
entrer dans le choix de l'assolement. — Indications de divers assolemens. — Assolement
proposé pour les prés-gazons qui ont été
rompus au bout d'un certain nombre d'années. — Page 144 à 162.

En principe général, il faut assurer, autant
qu'il est possible, la réussite du trèfle. Le
blé doit succéder aux fèves, sauf le cas d'un
terrain qui, malgré les sarclages, reste souillé
de plantes nuisibles ; et le cas d'un pré récem-
ment rompu : l'avoine doit succéder aux
pommes de terre plutôt que le blé ; et le
blé doit succéder au trèfle. On peut varier
l'application des principes de l'assolement des
terres argileuses : la jachère complette devient
quelquefois nécessaire. — Productions diverses, qui peuvent être entremêlées particelle-

ment dans les divers assolemens proposés. Page 163 à 167.

Faits relatifs aux assolemens de terres argileuses en Angleterre. —

Détail sur l'assolement de M. Middleton : il est de quatre ans, et les vesces d'hiver occupent le sol pendant une de ces quatre années. — Page 167 à 171.

Culture de Mr. Arbuthnot. Ses moyens de desséchemens par des coulisses, et en disposant ses terres en sillons très-larges, subdivisés ensuite en sillons plus étroits. Son assolement est de trois ans, savoir : fèves, blé et trèfle ; produit de ces récoltes. — On peut objecter contre cette culture, que les bords des sillons ne produisent presque rien, que les labours croisés en sont exclus, que le retour du trèfle est trop fréquent ; mais ces objections ne sont pas assez fortes pour balancer tous les avantages de cet assolement — Page 172 à 189.

Assolement de deux ans, fèves et blé, suivi pendant huit ans. Il a maintenu le sol net de mauvaises herbes ; et le blé , après les fèves fumées , a été plus beau que le blé fumé. Page 189 à 192.

Recueil de faits sur la culture d'un fermier de Kent, lequel, pendant neuf ans, et sur un espace de 351 acres de terres labourables, ne s'est pas permis une seule jachère, et n'a jamais fait revenir deux années de suite les grains blancs. Il paraît avoir cherché plutôt à varier ses essais qu'à tirer un grand parti de ses terres , et il est à regretter qu'il n'ait pas fait connaître avec quelques détails les circonstances de chaque pièce de champ soumise à ces divers assolemens : néanmoins ces expériences présentent une masse de faits importans , et un résultat très-profitable. — Page 193 à 216.

Expérience d'Arthur Young sur un mauvais prés rompu, dans lequel il a suivi , pendant six ans, trente-six assolemens différens. Les principaux résultats de ces expériences sont ; que les pommes de terre , dans un pareil terrain, sont une des récoltes intermédiaires les plus épuisantes ; que sans fumier, elles n'y donnent pas une récolte passable, et que l'orge et l'avoine réussissent mieux après elles que le blé ; que les fèves sont une récolte intermédiaire profitable, à tous égards, et qu'il faut éviter soigneusement les récoltes successives de grains blancs. Parmi les derniers, l'avoine est un de ceux qui, dans les terrains du genre de celui de l'expérience, donne les plus grands profits ; assolement proposé par Arthur Young pour les terrains ; motifs qui le lui font préférer. Page 216 à 245.

CHAPITRE VI.

Considérations sur les moyens d'introduire en France de bons assolemens.

Si l'imitation d'une pratique simple et isolée, ou l'usage d'un instrument d'agriculture ne se propage qu'avec lenteur, à combien plus forte raison ne doit-on pas s'attendre à ce que l'adoption des meilleurs assolemens dans un vaste pays éprouve de grandes difficultés ! Plusieurs départemens en France possèdent depuis des siècles une culture excellente, tandis qu'à circonstances égales, d'autres sont

restés soumis à la culture la plus vicieuse.
L'Angleterre présente sous ce rapport des
contrastes encore plus frappans. Page 246 à 252.

Les idées nouvelles, en agriculture, exci-
tent la défiance; et quand le doute qu'elles
font naître ne porte pas sur leur utilité, c'est
au moins sur l'efficacité des moyens d'exécution. Les bons ouvrages sur l'agriculture pro-
fitent peu pour les progrès de l'art : la classe
la plus nombreuse des agriculteurs ne lit
point, l'autre lit sans fruit, parce qu'elle
manque de pratique; et ces deux classes se
contrarient plutôt que de s'entraider. Page
252 à 255.

Le caractère national en France s'accorde
mal avec des expériences de long cours, et
avec la nécessité d'attendre les résultats pendant plusieurs années. Les secousses de la
revolution ont encore contribué à augmenter
cette disposition à vivre surtout dans le présent. Il est à craindre qu'à l'époque de la paix
les capitaux ne se trouvant pas en proportion avec les moyens multipliés de leur em-

ploi , les spéculations agricoles ne soient long-tems négligées. Page 255 à 257.

Ces considérations font sentir la nécessité de l'intervention du gouvernement pour l'établissement de diverses fermes de modèle , situées sur des terrains et sous des climats différens, pour l'instruction des cultivateurs. Développement de cette idée des fermes de modèle ; leur but devrait être exclusivement borné aux assolemens. Page 257 à la fin.

F I N.

TABLE

des matières contenues dans cet ouvrage.

Fin de la table.

Genève, de l'Imprimerie de Luc SESTIÉ.

9 782329 456850